エイズの「真実」

山口剛
［都立駒込病院感染症科部長］

集英社

エイズの「真実」目次

●症例に登場する人物のプライバシーを守るため、年齢・職業など、個人情報の一部を変更しています。

●症例では、話の展開をスムーズにするため、対話者を想定しました。

装丁　倉田明典

第1章 エイズとはなにか

エイズが発見されたのは１９８１年の6月のことです。この奇妙な病気にエイズという名前がついたのは82年、命名したのはＣＤＣ（アメリカ疾病管理センター）です。エイズの正体、エイズウイルスが患者から分離され、存在が確認されたのは83年。発見者はフランスのパスツール研究所のモンタニエ博士でした。ＷＨＯ（世界保健機関）によってこのウイルスにＨＩＶという正式名がつけられたのは86年になってからのことです。

日本で最初にエイズ患者と認定された患者は１９８５年3月、アメリカから帰国した36歳の男性同性愛者でした。86年11月には長野県でエイズに感染した2人のフィリピン女性が発見され、ちょっとしたパニックが起きています。同じ年の11月、日本赤十字社は日本全国の献血血液のエイズ抗体検査を始めました。87年1月、神戸で29歳の日本人女性エイズ患者が死亡しました。同年3月、高知県でエイズ感染者の女性が出産しました。幸いに赤ん坊は感染していませんでした。

91年9月、総理府が発表した世論調査があります。〔調査対象・男女1万人〕

＊エイズについて今まで見聞きしたことがありますか——『はい』95％

＊将来、自分がエイズに感染する不安を感じますか——『はい』20％

＊今後エイズ患者が増えると思いますか——『はい』71％

☆増えると思う理由はなんですか。（複数回答）

『海外との交流が増えるから』——63％

『日本人の性行動が開放的になっているから』——50％

日本人はエイズという名詞を知っています。いったん感染すれば今のところ、根本的な治療法がない病気であることも、セックスを介して感染するらしいという知識も持っています。近い将来日本国内でエイズ感染者が増えそうだ、ということも承知しています。しかし、エイズをまるで異次元の疫病であるかのようにみなしている。自分とは別世界の出来事だと思

表I　エイズ感染者　感染経路別・年次別推移

	1987年	1988年	1989年	1990年	1991年
異性間感染	26(38%)	18(35%)	34(39%)	34(35%)	123(52%)
男性同性愛	33(48%)	25(49%)	38(44%)	29(30%)	38(16%)
その他	10(14%)	8(16%)	15(17%)	34(35%)	77(32%)
●合計数	69人	51人	87人	97人	238人

〔血液製剤による感染者を除く〕　＊(　)内は感染経路構成比

表II　エイズ感染者　年齢別分析

	20歳未満	20～29歳	30～39歳	40～49歳	50歳以上	不明	合計
人　数	31人	194人	102人	66人	28人	3人	424人
構成比	7%	46%	24%	16%	7%	1%	——

〔血液製剤による感染者を除く〕

いこんでいます。いつの日か自分も倒れるかもしれないとは想像したことがない。現実感に欠けているように思います。

90年の感染者は97人、91年は238人(うち患者38人)でした。これを感染経路別・年次別に並べてみます。

〔表I〕

感染者総数でいえば、90年から91年までの1年間で2・5倍の急増です。しかし異性間性的接触による感染だけに絞りこめば前年比3・6倍になります。これは深刻な事態です。エイズ患者を含む日本のエイズ感染者の累計はまだ553人ですが、これが実態を反映した数字だとはだれも思っていません。あるエイズ専門家は、日本全国には少なくとも3万人の感染者がいるだろうと見積もっています。

男性同性愛の感染は安定期に入ったとみていいでしょ

う。これ以上大幅に増えることはないと思います。男性同性愛者の人口といっても限られています。分母が小さければ、新規の発生数も小さくなる。注目すべきは90年に異性間感染の占める割合が男性同性愛を上まわったということです。しかも女性の感染者が男性感染者より多くなっている。その中に東南アジアなどから出稼ぎにきた女性が、多数含まれていることは事実です。だからといって安心できる状態ではないのです。

異性間感染が過半数をオーバーしたということは、重大な警鐘です。エイズという火種が一部の層から一般男女の間に広範に行き渡ったという事実を意味します。

エイズは性行為感染症の一種ですから、エイズ感染の主役が男と女の性に移行したということは、あらゆる日本人がエイズの標的に入ったということです。今はまだくすぶっている状況ですが、あとはじわじわと燃え上がってくるにちがいありません。

エイズは潜伏期の時間が長いので、なかなか視野に入ってこない。しかし、ある時期になるとあっちこっちから一気に吹き出してくる。火山の爆発と同じことです。地下にマグマがじわじわと溜まって、それが一定量まで蓄積されると、今度は猛烈な勢いで噴出してくる。そうなってから慌てても遅すぎるのです。

タイ国でも90年に異性間感染がトップにおどりでました。それまでの一位はヘロインの静脈注射でした。それ以降、異性間性的接触によるエイズ感染は増える一方です。91年末の段階で、タイの公衆衛生省の発表では推定感染者数40万人、確認感染者数だけで３万５千人を超えています。

タイ政府は全放送局に強力な働きかけをして、テレビやラジオでショック療法ともいえるエイズ啓蒙番組やスポットを頻繁に流させています。それでもまだ、国民の多くは自分には関係ない病気と思っています。なるほどテレビの画面では骨と皮だけの状態に痩せ細り、斑点だらけになったエイズ患者を映しているが、自分のまわりを見回してもエイズ患者なんかいないではないかと庶民は反論します。エイズの専門家は「身の回りや家族に感染者が出たときはもはや手遅れの状態なのだ」と執拗に警告していますが、危機感は十分にまだ浸透していません。

タイでのエイズ患者第一号は日本よりも７カ月早く、84年の８月に出ています。彼はアメリカに２年間滞在し、タイに帰国した男性同性愛者でした。年齢は28歳、このひとは４カ月後の12月に死亡しています。二番目は同じ84年の12月に確認されました。この患者は同性愛の外国人男性でした。翌85年には４人のエイズ患者が発見されています。このうち３人は外国人でした。唯一のタイ人患者は27歳の男性で、このひとはバイセクシュアルでした。タイに観光に来ていたドイツ人男性からエイズをうつされ、ガールフレンドのタイ女性を二次感染させています。

このあたりで胸騒ぎがしないでしょうか。この状況は日本の現況に酷似しているのです。両国とも患者第一号は偶然にもアメリカ帰りの男性同性愛者でした。その後の進行も初期段階では外国人が多数を占めていました。国民が「エイズなんて特殊な連中がかかる特殊な病気だ」とたかをくくっている状態もそっくりです。日本でも異性間感染が主流を占め、女性感染者が半分を超えたといっても、日本人の大多数は「早い話が犠牲者は東南アジアを中心とする外国人女性ではないか」とみくびっています。「エイズを持ち込むのも外国人、エイズに感染するのも外国人。日本人は関係がない」、そう油断しています。

しかし、これは6〜7年前のタイ国とまさに似通った状況なのです。タイが味わった苦く貴重な教訓を生かさなくてはいけません。エイズウイルスは外国人の間だけを還流するわけではないのです。日本人は必ずその渦の中に吸い込まれます。その瞬間は、目の前に迫っているのです。

アメリカには推定100万人(アメリカのテレビ局ABCは150万人といっています)のエイズ感染者と20万人以上のエイズ患者がひしめいています。アメリカの大都会では若者の死因の上位をエイズが占めています。親族、知人、同僚をたぐれば、だれかひとりはエイズに感染している。だから無関心でいることはできません。アメリカ人には自分の身の安全は自分で守る、という伝統が根づいています。油断していれば次は自分の番だ、と知っているからです。

91年6月に実施された世論調査によると、アメリカでは18歳以上の独身男女の43％がセックスパートナーの数を減らしたり、コンドームを着用するなど「エイズが怖いので性行動を変えた」と答えています。91年11月、プロバスケット界のエース、マジック・ジョンソンが、異性間性的接触によってエイズに感染したと公表しました。アメリカでは異性間感染はここ数年増え続けていますが、まだ全体の6％にすぎません。それなのにアメリカでは男女を問わず、エイズが他人事ではなくなったのです。

ところが日本では状況がちがっています。神経質になりすぎて「エイズ恐怖症」にとりつかれてしまうひとか、エイズに無関心なひとのどちらか両極端がいるだけです。その中間の正しい知識をもった健全な層が見当たらないのです。一面では無理のないことかもしれません。血液製剤で感染した血友病の一部の感染者を除いて、日本ではエイズに感染したひとが素顔のままでテレビに出演したことは一度もなかった。いや、できない状況なのです。日本ではエイズに対する誤解・偏見が強く残っているからです。

私が診察している感染者の多くは、自分の親兄弟にもエイズという病気を告白できないいま、死の恐怖におびえ、孤独に泣いています。親友にも言えるとはかぎりません。言えば友情は壊れ、自分から去っていくかもしれないからです。心の支えがないまま悶々としています。大家さんにばれたらアパートを追い出されるかもしれないとびくびくしています。会社に知られることを極度に恐れているので、健康保険を使わず自費で払っている人もいます。その結果、かさむ治療費に苦しんでいます。エイズの治療費はかなり高くつきます。エイズ感染者たちは肩身の狭い思いで毎日を生きています。日本人の中にはエイズ感染者を隔離するべきだ、と考えているひとがいます。エイズ患者や感染者が堂々と公共の場に出られる環境ではないのです。

日本人ではどちらかといえば女性に無関心派が目立ちます。「輸血に使う血液は加熱処理されているからもう感染の心配はないし、男性同性愛なんて女には理解を絶する世界だし、麻薬を注射するなんて考えたこともないわ」女性は安全地帯にいると安心しきっています。ですから異性間感染が増えてきたと聞いても「しょせんは売春婦と客のセックスのことでしょう。あたしは相手を選んでいるし、海外に行っても男を買ったりしないから大丈夫」と他人事のように眺めています。だが、男性同性愛のなかにはバイセクシュアルといって、男とも女ともセックスをする両刀つかいの男性がいるのです。女性にとって、このタイプの男性を識別するのは至難の業です。

エイズウイルスから完全に無縁ですごそうとすれば、処女または童貞のまま、同性異性を問わず他人と性的交わりを一切もつことなく、一生を送らねばなりません。凡人にはとうてい不可能な境地だと思います。異性を知り愛を知ればセックスをしたくなるのが自然なのです。しかし、エイズウイルスはどんなに真剣な愛情の間にも割って入り、二人を容易に破滅させます。

現代の医学をもってしても現段階では、エイズを撲滅することは不可能です。これからの人類にはエイズとともに共存する以外、生き残る道はありません。エイズの犠牲者をむやみに怖がったり、排除しようとすることになんのメリットもありません。共存といっても、エイズと仲良くするというわけではなく、折り合いをつけていくわけです。正確な知識を持っていれば、エイズの被害を最小限にくい止めることができるのです。

ＷＨＯ（世界保健機関）の発表では、現在世界で約45万人のエイズ患者が確認されています。隠れた患者を含めれば１５０万人になるだろうと推定しています。エイズ感染者は９００万人から１１００万人いると推定しています。このうち異性間感染（ヘテロ・セクシュアル）は75％に達するだろうとコメントしています。ＷＨＯは今世紀末にはエイズ感染者は３千万から４千万人にのぼると観測しています。

エイズと日和見感染

エイズは英語のＡＩＤＳです。これは Acquired Immunodeficiency Syndrome の頭文字をとったもので、日本語では、後天性免疫不全症候群といいます。嚙み砕いて言えば、ヒトが生まれた後でなにものかに感染したために〈後天性〉、体内の防衛機能〈免疫〉が不完全な状態に陥り〈不全〉、それが原因で一連のさまざまな病気になること〈症候群〉なのです。

エイズウイルスは医学的にはＨＩＶと呼ばれています。Human Immunodeficiency Virus〈ヒト免疫不全ウイルス〉の略称です。ところがＨＩＶは病魔の主役ではないのです。ＨＩＶそのものは脳症(この病気も致命的ですが)を起こすくらいで、それ以外の微生物をけしかけることに主力を置いています。多種多様な病原菌が身体のあらゆる場所を襲います。現状では発病すると必ず死亡します。

◇エイズウイルスに感染してから発病までの潜伏期間の目安。〔累積パーセンテージ〕

▽2～3年――10％
▽5～6年――30％
▽7～8年――50％

▽11～12年――65%(推定)

だいたい15～16年たつと大部分の患者が発病してしまうのではないか、ともいわれています。発病すると75%が3年以内に死亡します。しかし、エイズはまだなにぶんにも病気の歴史が浅く、発見されてまだ11年にしかなりません。残念ながらデータの集積が圧倒的に不足しているのです。ただ、専門家の中には、HIVに非常に似たタイプのウイルスが引き起こす、成人T細胞白血病(ATL)を参考に、エイズも20年くらいでほぼ全員が発病してしまうのではないかとする意見があります。

エイズウイルスが原因で引き起こされる病気はひとつではなく、カポジ肉腫のような悪性腫瘍、カリニ肺炎のような日和見(ひよりみ)感染症など多岐にわたっています。厚生省エイズサーベイランス委員会が88年に定めたエイズ診断基準によると、エイズには21種の疾病(巻末参照)があります。大部分のエイズ患者は、同時に数種の病気に冒されるケース〈合併症〉が多いのです。日和見感染を引き起こす微生物は、下等な単細胞動物である原虫、かびの一部門である真菌(しんきん)、結核菌のような細菌、それとごく微小な病原体であるウイルスに分類されます。

日和見感染は英語ではopportunistic infectionといいます。opportunisticという奇妙な単語は「情勢をうかがいながら機会の来るのをじっと狙っている状態の」という意味の形容詞です。信条もなく自己保身ばかりを先行させる狐のような狡い奴、といったマイナスイメージを内包しています。

広辞苑(第四版)によれば、日和見は「①天気模様を見ること。②事の成行きをうかがっていて去就を決しないこと」とあります。日和見感染の日和見は②の意味です。虎視眈々とチャンスをうかがい、勝敗の行方が決まるやいなや強い方の尻馬に乗り、徹底的に弱いものいじめをする。そんな陰湿で狡猾な印象を与えます。日和見感染の凶悪ぶりはまさにこれなのです。

発病は微生物と宿主(人間)の力関係に左右されます。日和見感染を起こす微生物は、おしなべて感染力があまり強くない、どこにでもいるありふれた微生物〈常在菌〉なのです。わたしたちは日常生活でこの種の微生物に接触していることが多いのです。だが、宿主が元気なうちは免疫機能によって撃退され、つけこむ余地がない。

ところが宿主の免疫力が落ちてくると、それまで病原性を発揮できなかった微生物類がじわじわと人間を攻撃し、その結果が発病につながる。これを日和見感染と呼ぶのです。日和見感染症、悪性腫瘍のうち代表的な三つの病気を簡単に説明しておきましょう。

◆カリニ肺炎

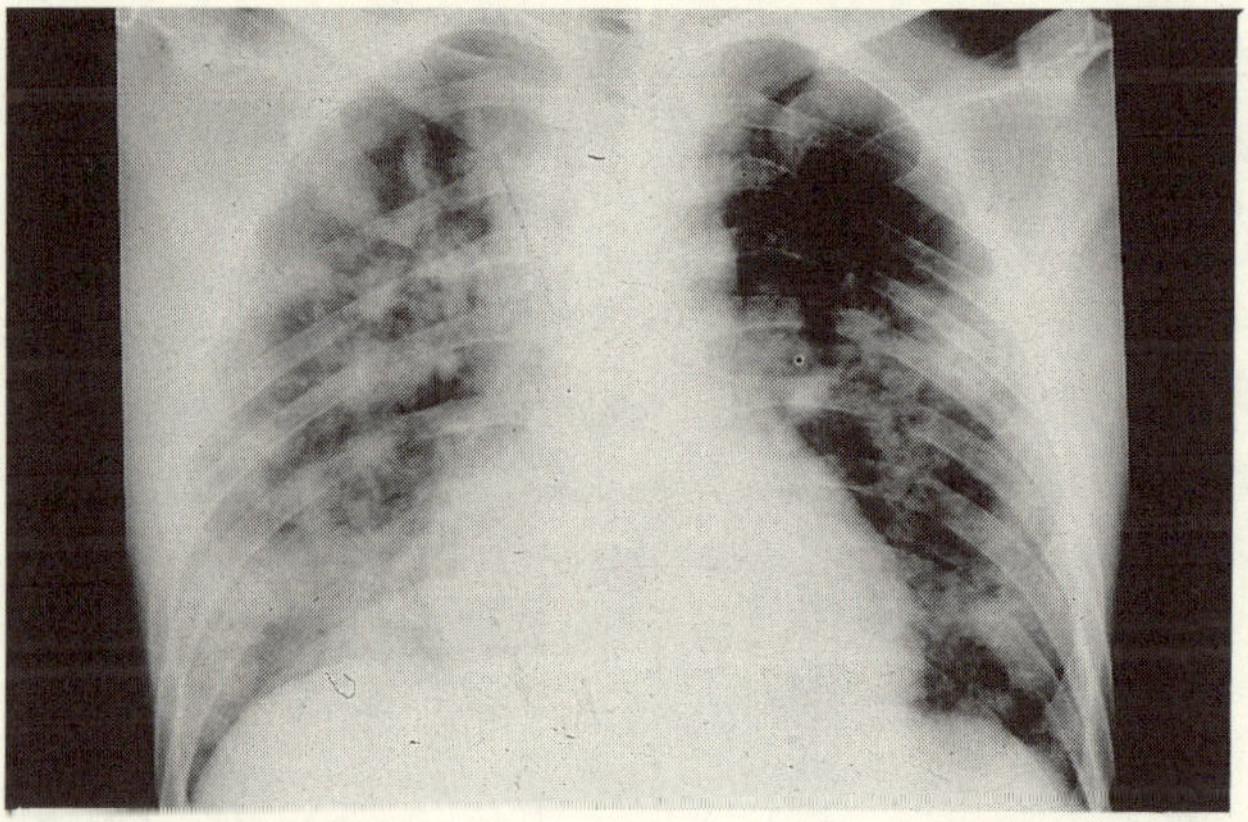

重症のカリニ肺炎患者のレントゲン写真

１９８１年６月、20歳代の同性愛の男性５人が肺炎を起こし、ロサンゼルスの病院で手当てを受けましたが、そのうち２人が死亡しました。細菌性の肺炎なら抗生物質を投与すれば病状は改善されるはずです。ところがこの５人には薬が全然効かなかった。これはおかしいということで、詳細な疫学調査の後、カリニ肺炎と診断されたのです。カリニ肺炎は体力のある若者がかかる病気ではないため、これがアメリカにおけるエイズ発見のきっかけになりました。カリニ肺炎はカリニ原虫が肺胞に巣くうことによって肺炎が起きます。虫といってもカリニ原虫の大きさは４〜６ミクロン（千分の４〜６ミリ）と小さく肉眼では見えません。この病気は１９０９年に最初に報告されています。第二次世界大戦当時、カリニ肺炎は栄養状態のきわめて悪い子供たちの間で、局地的な発生をみました。アメリカでは54年に成人患者が出ました。それ以来ぽつぽつと患者が出ていますが、どの症例も例外なく免疫機能が落ちていました。

初期は痰(たん)のない空咳(からせき)が出ます。レントゲン写真を撮ると、カリニ肺炎の患部はすりガラス状に写ります。健康な肺は多くの空気が出入りするので黒く写ります。カリニ肺炎は写真で見るかぎり、そんなに重い症状には思えない。しかし、実際は肺胞の中で二酸化炭素と酸素の交換がうまくいっていないので、いくら空気を吸い込んでもひどく息苦しいのです。だから、エイズ感染者で呼吸が苦しいという訴えがあったら、まっさきにカリニ肺炎を疑わなくてはいけないのです。

カリニ肺炎はエイズ患者のほぼ7割に発生する病気です。以前はエイズ感染者がカリニ肺炎でばたばた死んでいましたが今は治ります。主としてペンタミジンという薬を使います。カリニ肺炎を起こしてなくても発病を抑えるために週1回のペースで吸入すると卓効があります。

◆カポジ肉腫

ロサンゼルスでカリニ肺炎の患者が見つかった翌月、26人の男性同性愛者がカポジ肉腫と診断されました。20人がニューヨーク、6人がカリフォルニア在住でした。年齢は26歳から51歳、全員が2年以内に死亡しました。

カポジ肉腫は中央ヨーロッパのユダヤ人の間で発生していた病気です。1872年、ウィ

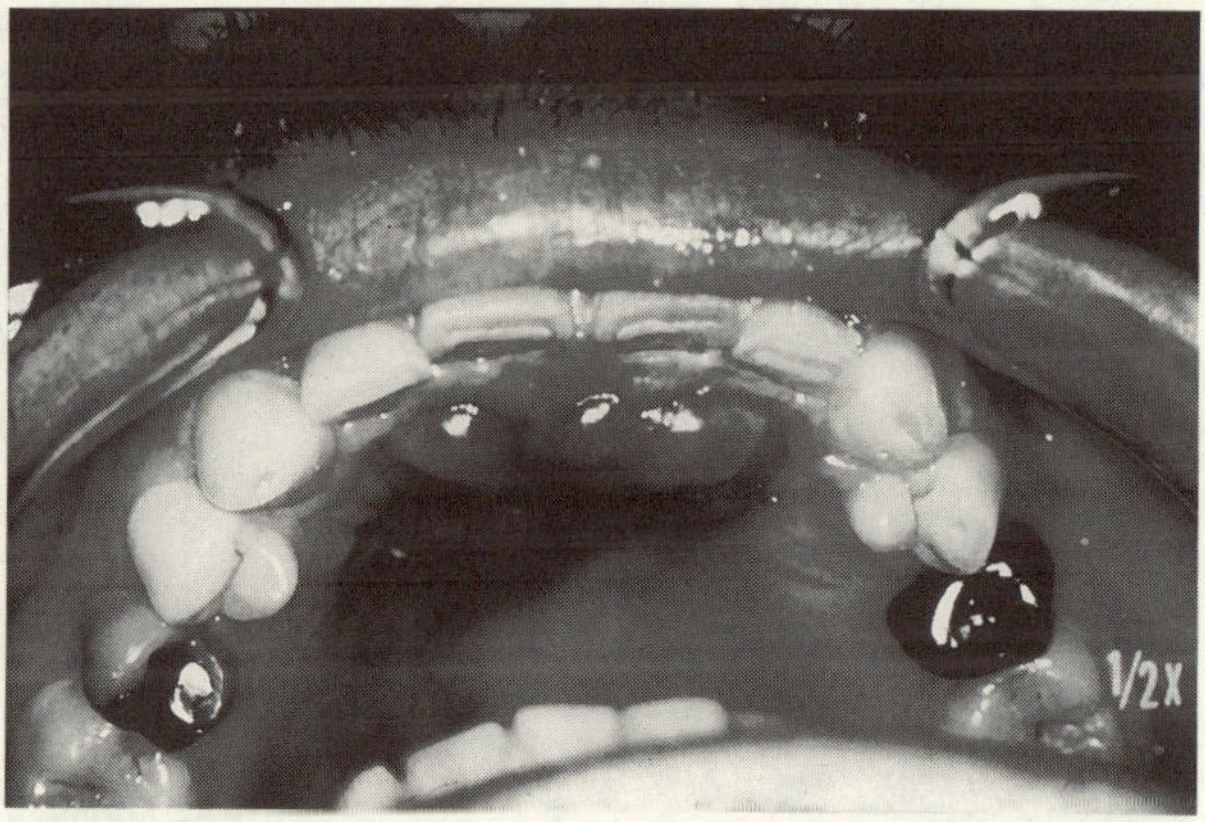

口の中にできたカポジ肉腫。肉腫は身体のどこにでもできる

ーンの医師モーリス・カポジ（ハンガリー出身。1837年生まれ）によって初めて報告されました。20世紀後半に入ってアフリカから多くの症例が報告されたことがあります。エイズが登場するまではこの病気はごくまれなもので、過去に腎臓移植を受け、免疫抑制剤を使用していた患者にカポジ肉腫が発生しています。免疫機能が低下していると異形細胞（ここでは癌細胞）が生じてもそれを認識できないので、癌細胞がどんどん増殖してしまうのです。

日本では大正時代からエイズが出現するまでのおよそ70年間に、一桁ほどの患者しか発生していません。皮膚科の医者でもカポジ肉腫に触れたことのあるひとは、ごく少なかったと思います。カポジ肉腫は皮膚などの悪性癌とみられています。身体のどこにでもできます。顔、手足、ペニスから口腔内、内臓までとにかく場所を選びません。最初は平たくて薄い色をしています。時間がたってくるとやや盛り上がり、ちょっと紫がかってきます。直径1センチくらいのが多いようです。

カポジ肉腫は触れて痛いのと痛まないものがあります。どちらかといえば痛くないものが多く、治療としては化学療法剤と放射線照射などが有効です。

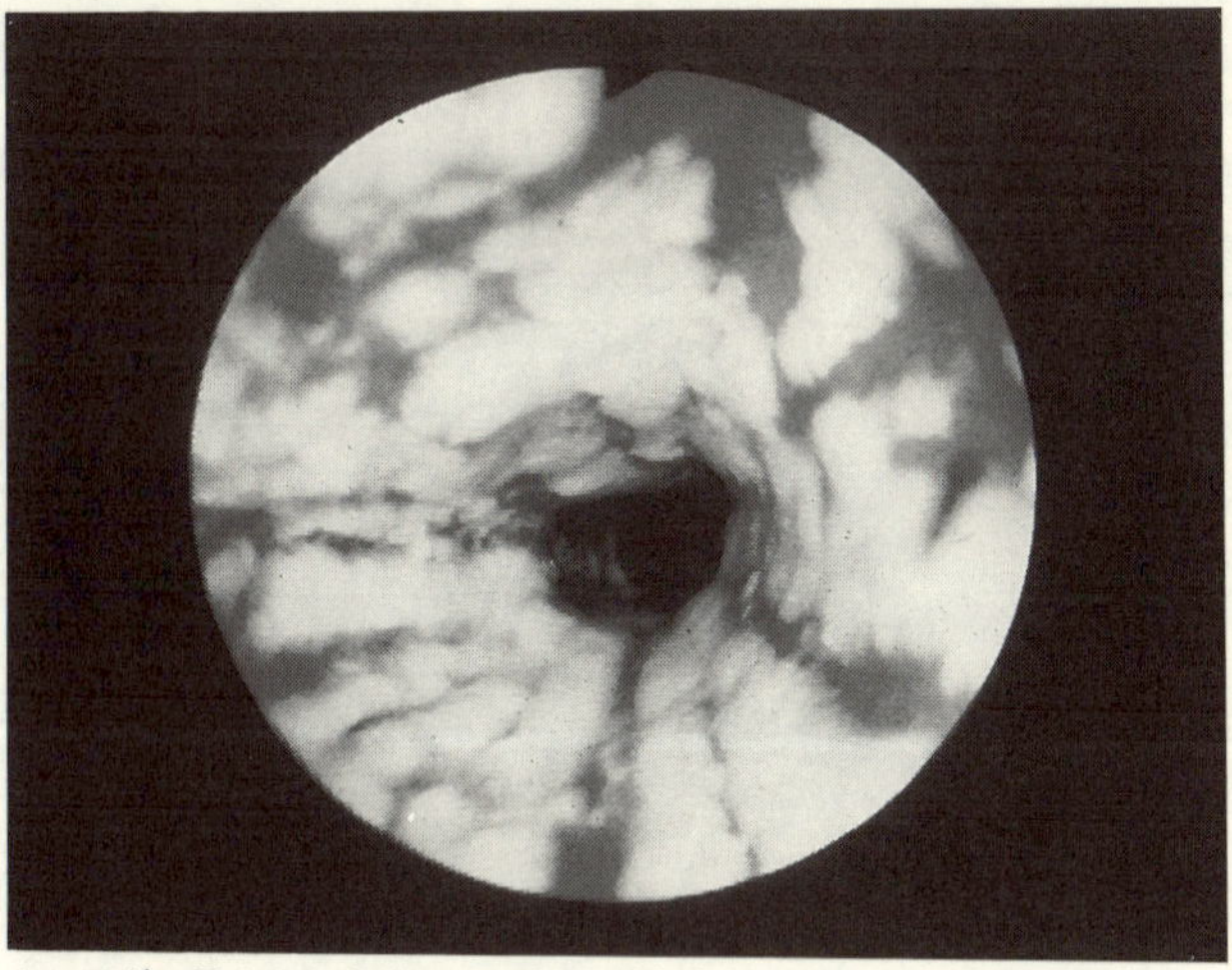
カンジダに冒された食道。白い部分が病変部

◆**カンジダ症**

これはかびの一種で、もともと健康人の口腔、消化管、外陰部などに常在しているものです。エイズ患者によくみられる症例は、口の中、舌、食道、胃などがカンジダのために真っ白になっているケースです。口腔が白くなっている場合は、だいたいそれが食道まで続いています。内視鏡で覗くと粘膜の赤い部分と白いかびの部分が混じり合って見えます。症状が進むと全面的に白くなってしまうことがあります。このかびが食道の粘膜に潰瘍を作ります。

カンジダで食道を冒されると、食べ物を飲みこむときに痛みます〈嚥下（えんげ）痛〉。患者は胸の裏側が痛いと訴えますから、うっかりすると私らも心臓が悪いのかと早合点することがあります。薬は主として、フラコナゾールを使います。

※

症例①【輸血による感染】

患者は39歳の女性です。このケースは手術のときの輸血が原因だろうと推定されています。この女性の手術歴は12歳のときに盲腸炎、86年に外科の手術を受けています。このときに1000ccの輸血を受けています。

87年、両脚の関節が痛むこと、右目がぼやけて見えないこと、喉が痛いということで駒込病院の外来に来ています。

89年、37度から38度の熱が出て、それが1カ月経過したころより38度から39度に上昇しています。それからカンジダ性の口内炎で舌が相当荒れてきました。間もなく気管支炎を起こしたので、抗生物質を投与して処置しました。体重は10キロほど減っています。

——もとの体重は。

以前は60キロでした。それが4カ月の間に50キロになったのです。そのころから視力障害が出現しました。視界の端の方が見えなくなった、視野の狭窄(きょうさく)です。眼科で検査した結果、眼底出血がみつかりました。

——そんな状態なのに入院しなかったのですか。

ええ。一回目の入院は89年でした。右目の網膜炎を治療し、熱も37度1分まで下がったので、2週間後に一応退院し、その後は外来で診療することになりました。

二回目の入院は翌年の90年でした。この日の夕方、気分が悪いということで早めに寝たのですが、8時ごろひどく寒気がして全身がぶるぶる震えた〈悪寒戦慄（おかんせんりつ）〉そうです。9時には眼が上を向いたままの状態〈眼球上転〉が出たが、名前を呼ぶと反応はあった。11時になって左半身だけがたがた揺れる痙攣発作（けいれんほっさ）が始まった。その直後に病院にかつぎこまれていまず。体温を計ってみると39度6分、2分ほど続く痙攣が5〜6回起きました。

翌日に少し意識が戻ったのですが、意識がはっきりしているときと、ぼーっとしているときが交互に出てくる状態でした。ぼやっとしているときは話しかけても会話のつじつまが合わないのです。

点滴が困難でした。自分で管を引き抜こうとするのです。仕方なく2週間、手足を固定することになりました。

投薬はサイトメガロウイルスにも感染していたので、その薬とAZT（抗HIV薬）を与えていましたがだんだん貧血がひどくなり、40度くらいの高熱が続いていました。

——頭はしっかりしていましたか。

すでにエイズ痴呆が始まっていました。「今、そこで泥棒がトランプをしている」などと奇妙なことを言っていました。

——その後の経過は。

二回目の入院から半月後には意識がなく、ただいびきをかいているだけでした。入院から10日目すぎにはしゃべることはしゃべるのだけど、神経障害が原因で発音が不明瞭なため〈構音障害〉、なにを言っているのかさっぱり把握できない状況でした。血液を採って検査してみると肝臓が悪い。体を揺すって名前を呼ぶと、うっすら目を開く〈傾眠状態〉。調子がいいときはなんとか返事ができる状態が続きました。

——食事はどうしていたのですか。

細い管を肩の骨の下の静脈から心臓に近い太い静脈に入れ、そこから栄養液を注入〈中心静脈栄養〉していました。元気のあるときはおもゆを食べさせました。自力の排泄ができなくなっていたので、このときはおむつを当てていました。

入院1カ月後から呼吸がおかしくなって、40日目に昏睡状態に陥いり、死亡しました。奇しくもこの日は4年前の手術の日と同じ日でした。このひとは感染後きっかり4年で亡くなったわけです。

——死因はなんですか。

主因はエイズウイルスとサイトメガロウイルスによる脳炎です。エイズウイルスによる痴呆もありました。目はサイトメガロウイルスによる網膜炎です。

——解剖されたのですか。

死亡して数時間後に解剖が行われています。脳が萎縮して、健康人に比べずっと小さくなっていました。サイトメガロウイルス性脳炎とエイズ脳症を合併していました。サイトメガロウイルス性脳炎によって、脳内部の神経繊維が集まっている組織〈白質〉に蜘蛛の巣状の病変が広範に見られました。エイズ脳症は病巣の分布がほぼ均一でした。大腸全体にわたって腸炎の形成が見られました。

——輸血された血液が原因だったのですね。

そう考えられます。このひとは本当に悲運だったと思います。手術を受けた当時はエイズがそろそろ問題になりかけていたときでした。日本全国の献血血液に対してエイズ抗体検査を開始したのが86年11月です。このひとの手術はその10カ月前でした。日本赤十字社が献血血液を加熱処理するようになる直前のことでした。

——家族はいたのですか。

独身なので子供はいませんでしたが、親兄弟がいました。手術のとき輸血が必要だと聞かされて、家族は自分たちの血液を提供しようか、それとも病院の血液にしようか迷ったようです。最終的に、ここは大きな病院だから大丈夫だろう、と病院の血液を使うことに決めたんです。

――エイズに感染しているとわかったのはいつですか。

87年の夏です。最初に身体の不調を訴えたときに血液検査を受け、そこの病院の責任者からＨＩＶ陽性を告知されています。手術から1年7カ月後です。

――輸血で感染したことについて、この患者はなにか言っていましたか。

一回目の入院でしたが、意識のはっきりしているときに病院のケースワーカーといろいろな相談をしています。その中で「あのとき、輸血を受けなければよかった」と洩らしていたそうです。

――現在でも、外国で手術や輸血を受けることは危険なのですか。

一部の発展途上国や医療水準が高くない地域では安全とはいえない場合があります。

――この患者にはどんな薬を使ったのですか。

エイズウイルスにはＡＺＴ。カンジダで舌が荒れていましたからフルコナゾール。サイトメガロウイルスにガンシクロビルと、カリニ肺炎にはペンタミジンを使いました。ＡＺＴは錠剤、ガンシクロビルなどは注射です。

――変わった行動はありましたか。

死期が近づいてくると、体を動かすことが激しくなってきました。でもこれはだるいとき無意識に身体を動かしますね、あれと同じものです。一般的にはエイズが進行するとだんだん無気力になってくるんです。

――自殺する恐れはありませんか。

エイズは消耗性疾患ですから体力が消耗します。発病して少したつと、ものごとを積極的にやろうとする気力がなくなるんです。とろーんとして、麻薬が効いているときのような、傍目(はため)から見ると気持ちよさそうだな、そんな状態になります。

――この患者は死亡したとき、骨と皮のようになっていたのですか。

体重は減りましたが骨と皮のような状態ではありません。この患者は身長156センチ、健康時の体重60キロ、小太り体型のひとでした。亡くなったときは15キロ減って45キロになっていました。

一般のひとはエイズ死というと、痩せ衰えて骨と皮のような状態になって死ぬと思っています。それは正しくありません。骨と皮のようになるのは主としてエイズでも癌になった場合です。肺炎や髄膜炎を起こして早く死亡するときは、ガリガリに痩せることはありません。

――このひとは他人を感染させましたか。

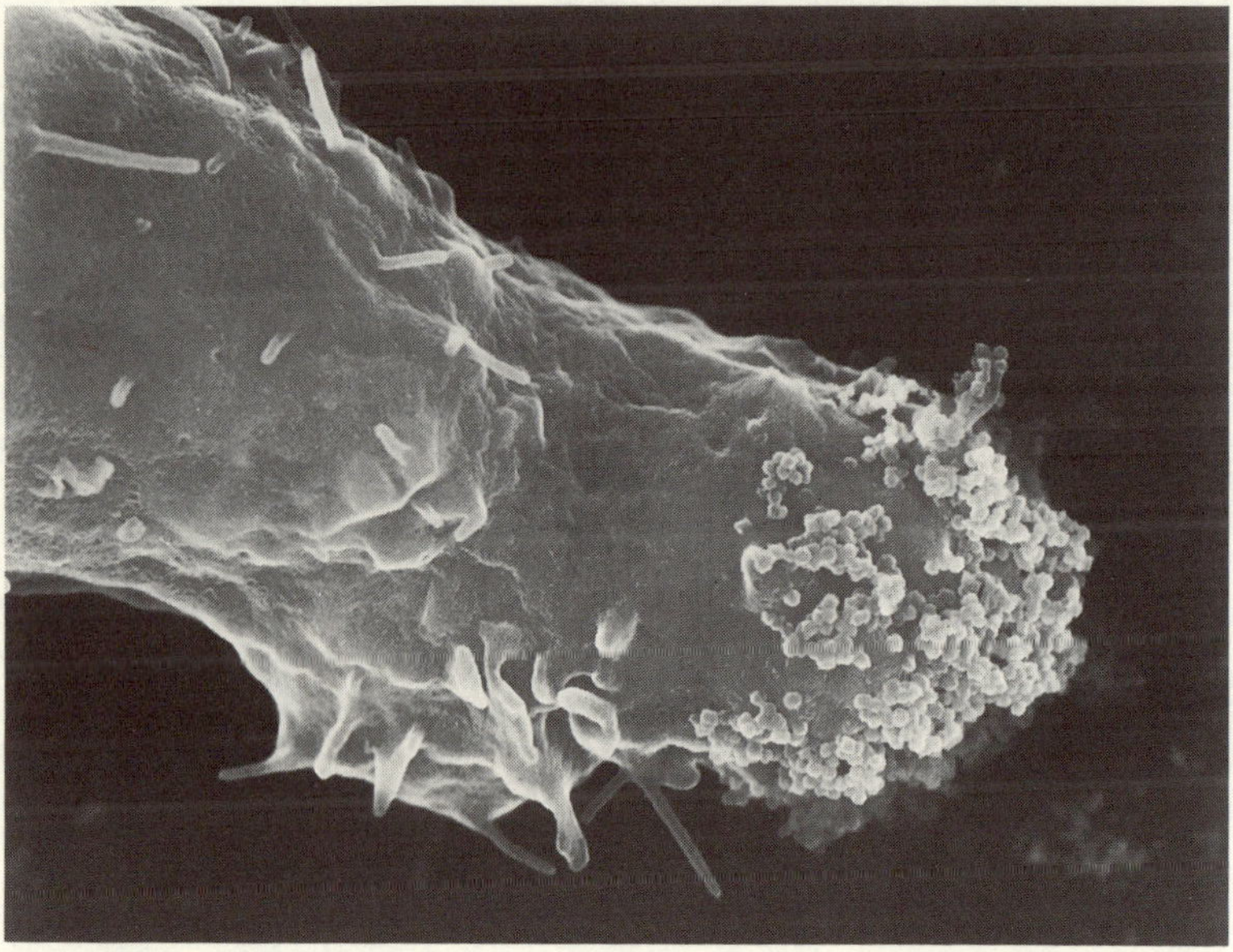

電子顕微鏡がとらえたエイズウイルスに攻撃されているヒト・リンパ球(3800倍)
(撮影・田中敬一・鳥取大学名誉教授)

いいえ。そんなことがあると大変なので、初期の段階で本人に確認しました。「あなたが独身であることは知っていますが、ざっくばらんにききます。外科の手術以降、セックスまで進んだ男性はいましたか」と質問しました。

——相手のプライバシーに踏み込むわけですが、患者側に拒絶反応はありませんか。

ほとんどありません。はっきり答えてくれます。もし心当たりがある場合は相手にも血液検査をした方がいいので連れてきてください、と説得します。今は治す薬はないけれど、きちんと治療すれば発病を延ばすことはできるから、そのひとが感染しているかどうか調べる方がいいと説き伏せます。ただ、人権がからみますから連れてこいと強制することはできません。エイズウイルスの拡散を防止するためには、感染の可能性があるひとは検査するべきなのですが、民主主義の国では強圧的なことは不可能です。そこがエイズ対策の難しいところなんです。

免疫とエイズ

免疫について説明しておきます。免疫とは人間の血液、体液の中に存在する防衛システムです。体内に侵入した細菌、ウイルス、寄生虫、かびなどと戦う防衛ネットワークなのです。地球上は悪さをする微生物で満ちています。しかし、免疫が健全でいられる間だけはわたしたちは病気にもならず元気で暮らしていられる。免疫があるからこそ人間は生きていられるのです。免疫はおもに血液の中に存在しています。

血液の成分は血球(赤血球、白血球、血小板)と血漿に分かれます。赤血球の役目は肺で炭酸ガスと酸素を交換し、全身に酸素を供給することです。血小板の機能は主として、出血が起きたとき傷口で固まって血を止めることです。

白血球にはリンパ球、単球、顆粒白血球などの種類があります。単球、顆粒白血球などは細菌や異物を取り込んで殺す細胞です。リンパ球は免疫機能に深く関係しています。白血球の数は平均で1cc中、6000から8000個です。リンパ球はそのうちの36%を占めています。

リンパ球はB型とT型に大別されます。B型リンパ球は抗体を生成する機能を持っています。またT型リンパ球にはT4とT8があります。T8リンパ球はキラーとサプレッサーに分類されます。キラーは異物に汚染された細胞を攻撃します。つまり敵と戦って敗れた味方を始末する役目です。サプレッサーはB型リンパ球に働きかけ、抗体の生成を抑制する役目を持っています。どちらも免疫軍では欠かせない兵力ですが、下士官的な存在です。まあ、脇役といったらいいでしょう。

ここで抗原と抗体の解説をしておきます。抗原とは体内に侵入した異物・毒素です。バクテリア、細菌、ウイルス、かび、みんな歓迎されざる抗原です。抗原が体内に入ると、血液内にこれを迎え撃つための対抗物質が産出されます。それが抗体です。これは鍵穴と鍵のような関係で、抗体は抗原を攻撃するために特別にオーダーメードされた武器なのです。一つの抗体は一つの抗原にだけ有効に働きます。

T4リンパ球は外敵に対し直接の指揮をとる、いわば作戦司令部のような重要な機能を持っています。戦闘状況からすばやく情報を収集し、的確に判断し、どの機能を充実させ、どの白血球を正面にもってくるかを決定します。T4リンパ球は抗原の襲撃をうけたとき、どんな作戦を実行するかを選択します。いわば免疫軍の総司令官なのです。

ウニのような形状をしたエイズウイルスは、T4リンパ球の表面にあるレセプター(受容体)にくっつきます。レセプターは出入口のようなところです。敵は寄せつけないはずなのですが、HIVのとげは巧妙にできており、レセプターに警戒されることなく接近し、容易に癒着(ゆちゃく)してしまうのです。エイズウイルスの側からいえば、レセプターとの相性がいいということになります。T4リンパ球の立場でいえば、これ以上狡猾な難敵はいないのです。

やがてT4リンパ球の内部に侵入したエイズウイルスは細胞核に入り、遺伝子情報源であるDNA(デオキシリボ核酸)に接近します。エイズウイルスはT4リンパ球のDNAを乗っ取り、自分の遺伝情報を勝手に潜入させてしまいます。

エイズウイルスは遺伝情報をRNA(リボ核酸)のかたちで持っています。本来RNAはDNAの下位にいる存在で、アシスタントとメッセンジャーを一緒にしたような存在です。必要になるとDNAは自分の情報の一部からRNAをコピーし、蛋白質を合成している現場に伝えます。DNAはいつでも自由にRNAを製造できますが、その逆はできないはずなのです。親が子供をつくるようなもので、これは自然の流れです。

ところがここに逆転写酵素という魔術師が登場します。エイズウイルスはこれを使ってRNAからDNAを逆合成させてしまうのです。わかりやすく言えば、子供が母親を産んでしまうようなものです。エイズウイルスはレトロウイルスの一種です。レトロウイルスとは逆転写酵素をもつ球状ウイルスという意味です。こうしてエイズウイルスは自分の遺伝情報を、T4リンパ球のDNAのなかにしっかり組み込んでしまいます。

あとは簡単です。宿主であるT4リンパ球が細胞分裂する度にエイズウイルスのDNAも自動的に増殖していきます。自分はなんの努力もしないで、他人をとことん利用し、仲間がどんどん増えていくのです。HIVに感染したT4リンパ球はゆっくりと貪（むさぼ）り尽くされ、衰弱して、やがて死にます。ここでエイズウイルスは血液の中に飛び出し、また別の新鮮なT4リンパ球にとりつくのです。こうしてエイズウイルスはT4リンパ球をひとつずつ着実に倒していきます。

血液中には、侵入した敵を食い殺す勇敢な戦士「マクロファージ」が生き残っています。マクロファージは大食細胞という別名を持つ大型のアメーバ状の単核球で、侵入した抗原を襲い、食い尽くします。ところがこのマクロファージを活性化させる物質をT型リンパ球が分泌するのです。抗体を生産するB型リンパ球はむしろ増えるくらいです。T8リンパ球はエイズウイルスの攻撃を受けてもさほどの影響を受けません。逆に数が増えたり、活性が上がったりすることもあります。しかし、それらを束ねる親玉のＴ４リンパ球だけが集中放火を浴びている。戦争を例にとれば、いきなり司令部がミサイルで直撃されるようなものです。血流の中では、ひとつまたひとつと元気なＴ４リンパ球が姿を消します。免疫軍の中枢部が確実に破壊されていきます。

しかしこのスピードは非常に緩慢です。Ｔ４リンパ球は健康人の血液中１mm^3あたり、平均で７００個から１５００個生きています。ＨＩＶに感染すると1年で60個から１００個のペースで減っていきます。Ｔ４リンパ球が５００個のレベルを下回った場合、原則的には予防のためＡＺＴの投与を開始します。ＡＺＴは逆転写酵素の活動を阻害する薬です。ですから結果的にエイズウイルスの増殖を妨害することはできても、殺すことはできません。ただ進行を遅らせる効果があるだけです。

ＡＺＴは現在のところ日本の厚生省が認可している唯一のエイズ対抗薬ですが、悪いことに、ずる賢いエイズウイルスはＡＺＴに対して耐性をつけてきています。今後は今までほどの効き目は期待できなくなりそうです。アメリカで開発されたＤＤＩも根本的には同じ逆転写酵素に働きかける薬です。この薬はアメリカ国立癌研究所の満屋裕明博士らが合成に成功した化合物です。ＤＤＩはＡＺＴの二番手として、間もなく日本でも認可されそうな見込みです。

エイズに対するワクチンがなかなか完成しない理由も、このＨＩＶの変わり身の速さにあります。とにかくあっけないほど簡単に突然変異します。インフルエンザウイルスも変身の速さでは有名です。インフルエンザウイルスのワクチンがなかなか効かないといわれるのは、ワクチンがウイルスの実態に追いつけないという原因があるのです。ところが、インフルエンザウイルスの変身率を月に１回とすると、エイズウイルスは毎日姿を変えるほどのすばしこさなのです。捕まえたとおもった瞬間、エイズウイルスは別の姿に変身しているのです。

血液中では死への革命が深く静かに進行していますが、本人にはまったく自覚症状がありません。感染者は外見上はなんの変化もなく、普段通りの社会生活を送ることができるのです。ただ、一見健康であってもこの時期に性的な接触をすれば、他人を感染させる危険性があります。

免疫不全はＴ４リンパ球の数によって３段階に分かれています。軽度な不全とは４００個以下の状態をいいます。中度は２００個以下、高度な免疫不全は１００個以下です。Ｔ４リンパ球が２００個以下になるとカリニ肺炎をおこすことが多くなります。

免疫不全状態が顕著になると、体重の減少、発熱、下痢、寝汗などが目立ってきます。これらをエイズ関連症候群〈Aids Related Complex＝ＡＲＣ〉といいます。ＡＲＣはエイズの発病というわけではありませんから、統計上ではエイズ感染者として扱われています。エイズ患者と呼ばれるのは、巻末にあげた21種の症状のどれかひとつ以上が明らかに認められる場合のみです。ですからＡＲＣは日和見感染などの病気が接近している段階といえるでしょう。このあたりから死者が出ることがあります。

この時期は少なくとも1カ月に1回の診察が必要です。医師は日和見感染症の早期発見に力を集中します。初期には口腔内にカンジダ症ができやすくなります。舌の表面が白くなる〈舌苔（ぜったい）〉などに注意します。カンジダはかびの一種ですが、油断はできません。かなりしつこい相手です。これを見逃したり放置すると難治性となり、食道を冒す可能性が強いからです。発見次第すぐに投薬します。

一度日和見感染症をおこした患者でも、ＡＺＴの効果で感染症から回復し、社会生活に復帰することがよくあります。しかし数カ月から1年後にはＴ４リンパ球の数が再び減少するのです。

第2章 エイズの感染経路

エイズウイルスを含む体液は多種ありますが、実質的な感染源ということになると次の3種類しかありません。

◇血液

◇精液

◇膣分泌液

日本国内の輸血用血液に関しては、事前のチェックや加熱処理が厳重に行われています。ですから感染経路は自動的に限定されてきます。その一番目は性行為によるもの。二番目は血液を介して（輸血、麻薬の回し打ち、医療事故など）、三番目が母子感染によるものです。要点さえおさえておけば、やみくもにおびえる必要はないのです。日常生活のレベルでいうなら、無防備なセックスを避けることでエイズのほぼ全部を未然に防止できます。感染者と同じバス、電車、飛行機に乗り合わせても、汗で濡れた吊り革を握っても、同じボールペンを使っても、どんなにかたい握手をしても、同じ目薬を使っても、湿った紙幣やコインに触れても、プールで一緒に泳いでも、同じ浴槽につかっても、同じ洗面器で顔を洗っても、同じトイレに座っても、同じコップや皿から食べても、アルコールの回し飲みをしても、感染者の血を吸ったばかりの蚊に刺されても、くしゃみのしぶきを浴びても、キスをしても、エイズに感染することはありません。正確な知識の欠如が過剰反応を呼び、感染者に対する残酷な仕打ちや社会差別に発展していきます。

この中でもっとも感染力が強いのは血液です。たとえば、HIVに汚染された200ccの血液を輸血すると98％のひとが感染するとされています。ウイルスの含有率からいえば、精液は血液とほぼ同じくらいの濃度と考えてよいでしょう（男性が興奮時に分泌する無色透明の粘液〈カウパー腺液〉にもHIVは含まれています）。膣分泌液はそれより薄くなります。唾液はさらに下で血液の10分の1くらいです。涙は唾液のまた10分の1くらいとされています。

ＨＩＶに感染するにはもうひとつ、不可欠の条件があります。それは傷口です。たとえエイズウイルスを含んだ体液に接触しても、触れた部分に傷がなければウイルスは体内に潜入できません。またエイズウイルスは弱虫なので、ある程度の量がまとまらないと感染力を発揮できないのです。唾液や涙はエイズウイルスを含有しているにもかかわらず、感染力を持たないといわれるゆえんもそこにあります。唾液や涙も一度に大量に摂取しなければ感染することはありません。

セックスの当事者の片方がＨＩＶ感染者だった場合、どのくらいの回数のセックスをすれば相手を感染させるかについては、正確なことはわかっていません。まさか人間を使って実験することもできません。一応異性間の性交による感染率に関する数字がありますが、これはどちらか一方がＨＩＶ感染者であったカップルに注目し、彼らがコンドームなしでどのくらいの回数のセックスをしたか、非感染者はその後どうなったかなどを聞き取り、調査した結果から導き出されたものです。それによると0・1から1％というのが定説となっています。

しかし、これは人体実験をして得られたデータではありませんから、あくまで参考数字とみるべきです。これを低い確率とみるか高い確率と考えるか、それが問題です。ただ、これは100回から1000回のセックスをすると、やっとエイズに感染すると解釈すべきではなく、セックスは常に感染の危険をはらんでいると理解するべきなのです。

1回のセックスには、感染するかしないかのどちらかしかありません。オール・オア・ナッシング、つまり、1回のセックスにはON（感染）かOFF（無事）しかないのです。たった1度の性交で感染した気の毒な犠牲者が世界には大勢います。

「もし100回セックスしてエイズがうつるのなら、俺は99回目まではなまでやって最後の1回だけコンドームをつける」と吹聴している男性がいました。これを単なる無知として笑い飛ばすことはできません。この浅慮はロシアン・ルーレットというより、まさに自殺行為です。いや、それ以下の愚劣な行為です。なぜならこの無鉄砲は罪もない第三者を巻き添えにするからです。

麻薬常用者にエイズ感染者が多いことはだれでも知っています。麻薬常用者といってもエイズに感染するのは、麻薬を静脈に注射するひとたちです。ほとんどの場合は阿片から精製された強烈な麻薬、ヘロインを使います。ヘロインを水に溶かしそれを静脈から注射します。静脈注射には少量の血液がつきものです。医師の診察を受けたときのことを思い出してください。静脈内に注射針が入った瞬間、よく見ていると注射筒の内にうっすらと血液が逆流することがあります。

いくら麻薬を注射しても自分専用の注射器を使用しているかぎり、ＨＩＶに感染することはないはずです。感染の原因になるのは、他人と同じ注射器を使った、いわゆる回し打ちなのです。車座の中を1本の注射器が回ります。参加者がつぎつぎとヘロインを注射していきます。その中にひとりでも感染者が混じっていれば、その麻薬溶液は残りのひとを連続的に汚染します。

なぜあえて危険を冒す行為をするのだろう、と一般のひとは不思議に思います。麻薬に詳しい専門家にきいたところ、これは仲間であることを鼓舞(こぶ)し、全員の絆(きずな)を結束するためにやるようです。アメリカでは100万人の麻薬常用者がいるといわれます。そのうちの25%が感染者と推定されています。タイには30万～50万人の常用者がいます。彼らはおもに大都市のスラム住民で、年齢は16歳から25歳、未来のある若者なのです。タイで多用されるヘロインはナンバー3またはナンバー4と呼ばれる純度の高いもので、ナンバー4は純度が95%もあります。数年前までは麻薬常習者の約40%がエイズに感染していました。タイの公衆衛生省は麻薬中毒者に無料で消毒剤を配りました。注射器を使う前に必ず消毒すること、他人と共有しないことを辛抱強く指導して回りました。その結果、感染率は90年に30%、91年は24%に落ちてきました。

タイでは麻薬常習者が売春婦を買いました。売春の料金は非常に安いので、貧しい麻薬中毒者でも気軽に買春ができます。こうして売春婦はエイズに感染しました。売春婦は別の客にうつし、客は妻や恋人を感染させました。こうしてエイズウイルスはまたたく間に全国に蔓延(まんえん)してしまいました。

タイで異性間感染が燎原(りょうげん)の火のように拡がっている原因は買売春にあります。タイでは伝統的に処女性が尊重されています。若い娘たちは結婚までは清い身体を守り抜きます。どんなに恋が熱く燃えようと女は男を拒絶します。もともとタイの若者は遊び好きですから「それじゃあ娼家に遊びに行こうか」ということになり、若者は売春婦のもとに通うという図式です。男は娼家でエイズをうつされます。めでたく結婚した後、新妻がエイズに二次感染する。そんな悲劇がそこここで起きています。コンドームを装着する習慣は、つい最近までタイにはなかったのです。

タイ国内には100万人に近い売春婦がいるといわれています。それに比べれば日本にはソープランドがあるくらいで、プロの女性はまだ少ない。しかし、日本では普通の女性が自由に恋愛を楽しんでいます。処女性に対するこだわりも過去のものとなりました。セックスにタブーはなくなり、気軽に性を享楽できる新しい時代に変わっています。若い男女の間にはセックスがふんだんにある状態です。近い将来、若者にエイズ感染者が激増しそうだと言われているのは、若い世代が一番活発に性的活動を行うからです。セックスの総量という角度から眺めれば、日本はタイに負けていません。無防備ぶりでもひけをとりません。エイズウイルスがつけこむ隙はどこにでもあるようです。

ところで、セックスをするとなぜエイズウイルスに感染するのでしょうか。答えは簡単です。セックスは性器粘膜に対する暴力だからです。ペニスの先端部はごく薄い皮膚〈粘膜〉で覆われています。女性器は入口から内部まで粘膜そのままの状態です。セックスはこの両者がこすれあうことです。全部が全部、傷がつくとはかぎりませんが、大部分は目には見えない微細な傷がつきます。もちろん出血をした様子もないし、べつにひりひり痛むわけでもない。しかし、ミクロの目で観察すれば、性器は擦り傷だらけの状態になっています。どんなに注意深く実行したとしてもほとんどの場合、男女双方にごくごく小さな傷がつきます。情熱的であればあるほど傷はつきやすくなります。

男性がエイズ感染者だと仮定しましょう。クライマックスが近づき、射精が起こり、精液が膣の内部に噴出します。精液にはＨＩＶ（エイズウイルス）が含まれています。エイズウイルスが女性の傷口から侵入し、間もなく血流に入ります。血液は20秒で身体を一周します。こうなるともう手のつけようがありません。

女性が感染者だとしましょう。両性器が摩擦している間に膣分泌液がペニスの傷からしみこんでいきます。もちろんその中にはエイズウイルスを持ったリンパ球が生息しています。あとのプロセスは同じです。

セックスで出血するケースもあります。その分エイズ感染の危険が増します。セックスで出血するなんて、よほど乱暴なあるいは不健康なセックスではないかと思うかもしれません。しかし、セックスで出血することは例外的な出来事ではないのです。なぜなら、出血イコール赤い色を伴うものとはかぎらないからです。血の赤い色が見えないからといって血が出ていない、と判断するのは早計です。血液というものは、かなりまとまった量にならなければ赤く見えない、と考えるべきなのです。つまり、傷口もそれだけ大きいわけです。感染の確率は割増になります。

男と女のどちらが感染者であろうと、また、男女どちらが出血しようと危険という点ではまったく同じことです。血液があるということはその中にエイズウイルスが存在することですし、出血があるということはどこかに傷があり、そこから侵入されやすいということなのです。

したがって女性は生理の前後の数日が要注意です。膣内の粘膜がまだ弱い状態ですから、そこでセックスしたりすると傷がつきやすい状態です。その他にも、微量ですが月経のなごりが尾を引いています。両方の意味で非常に危険なのです。

フリーセックスするひとや売春婦はなぜエイズに感染しやすいか、これも原理は簡単です。ひとつは大勢の異性とセックスすることで当然感染者に当たる確率が高くなります。もうひとつはとくに女性の場合ですが、頻繁に性行為をすることで膣内が充血し、粘膜が荒れ、出血しやすい状態になっていることです。タイ北部のチェンマイの低料金で商売をしている売春婦を調べた報告がありますが、彼女たちは売春業を始めてほぼ10日以内にＨＩＶ感染しています。低料金とは一回の料金が50～１００バーツ（２５０～５００円）です。一日平均８人から10人の客をとらされます。

エイズウイルスはオーラルセックスでもうつります。女性が男性にするフェラチオを想定してみます。射精された精液が口の中の傷口からしみこみます。口の中の粘膜は非常にデリケートなので、簡単に傷がつきます。口内炎も傷の一形態です。荒っぽい歯の磨き方をすると血が出ることがあります。食後に楊枝（ようじ）をつかえば確実に傷がつきます。歯槽膿漏など歯茎から出血するひともかなりいます。それらは全部傷口です。

男性が女性にするオーラルセックス、クンニリングスも安全ではありません。膣分泌液が男性の口腔内にじわじわと入り、やはり小さな傷から侵入します。しかし、男女で少し差が出てくるようです。フェラチオの場合は口腔内に射精されないかぎりとくに危険はありませんが、クンニリングスの場合は最初の段階から膣分泌液がしみ出している状態なので、常時ちょっとした危険が残ることです。

異性間感染を未然に防止する道具はコンドームだけです。コンドームは厚さ20ミクロン(0・02ミリ)前後の薄いゴム膜ですが、これが防御膜となって男女両性器を隔て、両者の体液の直接接触を許しません。ですからエイズウイルスはどこからも侵入できません。じつに単純な理屈です。

射精直前になってコンドームを装着するひとがいるようです。これはやめるべきです。理由はふたつあります。まず女性が感染者だった場合、ペニスはスタートの段階からHIVに汚染された膣分泌液に漬かってしまいます。ふたつめは射精のコントロールに失敗して膣内射精してしまう可能性があるからです。

91年末あたりから欧米の一部で、女性用コンドームが市販されています。私も現物をじっくり見たことがありますが、第一印象は男性用コンドームに比べ、ずいぶんごつくて分厚いものだなと感じました。材料はラテックス(生ゴム)ではなく、プラスティックの一種である感熱ポリウレタンが使われています。全体として男性用コンドームを太くしたような形状で、内部に弾力リングが入っています。女性用コンドームはHIV感染防止を主目的に開発されたもので、たしかに男女性器は完全に隔離され、男女の性器はどこも接触することがありません。また乱暴な動きに対しても非常に頑丈で破損することはまずないそうです。しかし、問題はこの大型の異物を膣の内部に挿入しなければならないことです。日本人女性に使いこなすことができるでしょうか。日本の若い女性たちがエイズに対して、そこまでの緊迫感をもっているとはとうてい思えません。日本での本格的な普及はまだまだ先のことになるでしょう。

オーラルセックスでの感染を防止するためにも防護策が必要です。男性はその場になったら最初からコンドームをつけておくべきなのです。女性は歯を立ててコンドームを損傷することのないように配慮してください。

困るのは女性用の防具がないことです。女性用コンドームはオーラルセックスには適していません。女性器と直接接触しないようにするには、表面を覆ってしまえばいいじゃないか、そんな思考からアメリカではデンタルダムというものに注目が集まったという報告があります。これは歯科の治療で使用する薄いゴムのシートで、日本ではラバーダムと呼ばれています。薄いといってもコンドームよりは厚いようです。これを女性器にかぶせ、間接的に触れようというのです。

こんなものまで使って相手を愛撫しなければいけないのか、雰囲気がしらけるではないか、セックスが台無しになるではないか、不自然な器具で防備を固めるセックスなんて性に対する冒瀆ではないか、人間不信につながらないか、などなど否定的な意見が続出したと聞いています。当然の反応だと思います。が、私はそれも悪くないと感じています。飽食セックスを考え直すいい機会だと思います。セックスの意味の重さをもう一度見つめ直すときだと思うからです。

皆さんはすでに、なぜ男性同性愛にエイズ感染者が多発しているか、おわかりだと思います。そうです、原因は肛門を使った性交〈アナルセックス〉にあるのです。肛門部は直腸粘膜のすぐ下に血管が密集している箇所があり、そこが非常に出血しやすいのです。傷だらけになったところへ精液の雨が降り注ぐ。これではひとたまりもありません。

エイズウイルスが人体に入って1～2週間ほどすると風邪のような症状が出てくることがあります。発熱したり、関節が痛んだりします。身体がだるくなったり、食欲がないとか、とにかく漫然とした症状で、風邪と区別がつきません。しかし、これも全部の感染者に出現するわけではなく、せいぜい15％のひとに出てくる程度です。こんな症状が2週間ほど続き、消失します。本人はやっとしつこい風邪が治ったと胸をなでおろすことでしょう。まさか原因がエイズウイルスだったとは夢にも思いません。そうして、感染後2カ月くらいでエイズ抗体が陽性に変わります。

一方エイズウイルスはどう姿を現すかというと、人体に入っておよそ1カ月から3カ月たつと、最初に血清中に出現してきます。厄介なことに、この時期がもっとも感染力が強く、他人を巻き添えにする危険がもっとも高いときなのです。

換言すると、感染機会があってから数カ月以内にするセックスが一番危ない、ということになります。

※

症例②【男性同性愛による感染】

患者は32歳の独身男性で職業は自由業です。男性同性愛でここ10年ほどは女性とセックスしていなかったようです。正確に言えば、真正のホモセクシュアルというよりバイセクシュアルです。この人はなんども海外旅行をしています。

・21歳―ハワイへ1週間。
・23歳―サンフランシスコへ2週間。
・25歳―同じくサンフランシスコへ3週間。

・28歳―バンコクへ3週間。
・29歳―インドネシアへ10日。
・31歳―ロサンゼルスへ1年3カ月。
・32歳―ハワイへ1週間。

実兄の話では、英会話教室に通っているうちに、英語の教師だったアメリカ人男性と同棲するようになったようです。その先生が途中でロサンゼルスに戻ってしまったので、あとを追って渡米した。それが88年の夏、日本に帰国する89年の秋まで同居していました。90年1月から3月までの間に体重が3キロ減っています。それ以外に、物を飲み込むときの嚥下(えんげ)痛が徐々に強くなっている。そのために近所の病院に入院しています。そこで肺炎を起こしている。主治医はこの患者が頻繁に海外旅行をしていることを聞き、エイズを疑いました。それで血液検査をしています。

――それで陽性と出たんですか。

はい、それが90年初めのことです。主治医は、HIV陽性なので駒込病院に行くようにと紹介状を渡しました。

医療施設のエイズ患者に対する態度ははっきり二分されます。エイズだと判明しても自分のところで積極的に診ようとする病院と、専門の病院に移った方がいいと、紹介する病院です。

うちの病院は大勢の患者をかかえているので、部屋がないときは勘弁してくださいと断るのですが、たまたまこのときは空室があったので2日後に入院させました。

入院時は咳と痰が出て、食物を飲み込むときに食道に嚥下痛があった。それに肛門部の痛みを訴えていた。病名は肺炎とサイトメガロウイルス性食道炎です。サイトメガロウイルスはいろいろな悪さをします。全身的な病変を作るんです。それから陰部にヘルペスがありました。

——アナルセックスの感染率は高いのですか。

肛門性交は、大変危険です。肛門や直腸は粘膜が傷つきやすく出血しやすい場所であると同時に、吸収しやすい場所であるためです。

——嚥下痛の原因というのは、病原体のせいでなにかがポリープのように出っ張ってくるからですか。

エイズで発病すると多くの場合、サイトメガロウイルスやかびの一種であるカンジダによって、食道炎や食道粘膜に潰瘍ができるんです。炎症が起きて食道がただれて〈びらん〉しまうんです。

——食道の内部が腫れて通路が狭くなるから嚥下痛があるのですか。

そうではなく、潰瘍ができていたりびらんが強くなると、たとえば熱いものが患部を通過すれば痛みを感じるわけです。

――びらんと潰瘍はどうちがうのですか。

びらんというのは粘膜がただれて発赤（ほっせき）が強くなった状態。びらんが進行するとその部分が水たまりのように凹んだ状態になります。それが潰瘍です。

この患者には食道潰瘍と肺炎の治療をしました。40日後に退院しました。入院時には51キロだった体重が退院時には58キロに増えていました。

――この人はどんな体格でしたか。

160センチくらいでしたね。

――その後は職場に復帰したのですか。

いいえ、それはできませんでした。いったんはよくなったものの、退院1カ月後の5月中旬から咳もひどく、白っぽい痰が出るようになってきた。それと微熱が出てきました。昼は37度台ですが夜になると38度から39度まで高くなる。それが1カ月以上も続き、ほとんど食べられない状態になった。水分だけは努力してとっていたようですが、しだいに衰弱が目立つようになった。体重も12キロ減って46キロ、めまいがして歩けない。6月中旬に再入院しています。

3日後の病状は、しゃべるときに口がもつれる。要するに、酔っぱらってろれつが回らないような感じです。月末にはもうなにもしゃべらなくなった。一日中ぼーっとしているだけです。目は開いていて視線はテレビに向いているのですが、見ているわけじゃない。目を開いていなければ眠っている。日がたつにつれ、眠っている時間が長くなりました。

9月の半ばから「病室に猫がいる」などと奇怪な発言が多くなりました。そのうち視野の狭窄（きょうさく）が出てきました。物の見える範囲が非常に狭くなった。最期のころは眼球の内部に出血が起き、全然見えない状態になりました。

意識のレベルがどんどん落ちてきて人間らしい反応が消失し、昏睡状態になりました。結局肺炎による呼吸不全で死亡しています。

——解剖はしたのですか。

はい。頭を開けてみたところ脳が萎縮していました。やはりエイズ痴呆でした。あとは食道と腸にサイトメガロウイルスによる潰瘍がありました。肺は新旧入り混じった肺炎の痕跡がある。最初の肺炎は治っていたのですが、新しい肺炎ができていたのです。直接の死因は肺炎だと思います。

——この患者と会話のやりとりはありましたか。

こちらからなんども問いかけて、やっと答えが返ってくる状態でした。話といっても世間話はしません。もっぱら病歴とか下痢の回数などですが、それでもあまり会話にはなりませんでしたね。

——それはもともとの性格ですか。

いや、そうではなく、エイズ痴呆のせいだと思います。老人の痴呆と同じでだんだん知能が低下するかたちです。

——一回目の入院のときに痴呆は出ていましたか。

いいえ、普通に会話ができました。一時退院の後、しばらく外来で通っていましたが、次回の日時を指定するときちんと来院しました。痴呆が進んだのは6月になってからだと思います。

——この患者は自分がエイズであることを知っていましたね。なにかエイズについて言っていましたか。

病気がだんだん悪くなっていることは自覚していました。二度目の入院のときに「前みたいに元気になって退院することはできないだろうな」と呟いていました。

——死を覚悟していたということですか。

私はそう感じました。この患者は90年秋に亡くなりました。看護婦を笑わせたりするような賑やかな性格ではなかったが暗いわけでもなく、わりあい感じのいいひとでした。

エイズ検査

現在、日本の医療施設や保健所で実施しているエイズの血液検査は抗体検査です。抗体検査というのは、エイズウイルスの存在を直接確認するのではなく、エイズウイルスの侵入によって血液中に生成された抗体の有無を検査するものです。つまり、エイズウイルスという直接的な証拠を捜すのではなく、抗体という間接的な証拠を追求するのです。といっても、感染者を見逃すことはないので、十分信頼できる検査法です。

抗原検査も実用化されていますが、まだ一般的な使用までには至っていません。抗体検査が主流になっているのは、おそらく経済的な効率という側面があるからだと思います。

エイズの血液検査にはスクリーニングと確認検査とがあります。映画とは関係なさそうなのにスクリーニングとは耳にしっくりきませんが、これはふるいにかけることなのです。大学入試でいえば、第一次テストのようなものと考えてください。この検査でひっかかったものだけを、本当に感染しているかどうか、別の方法で綿密に調べます。これが確認検査です。

スクリーニングは一次試験ですが、雑なチェックではなく、非常に高感度です。HIVに感染している血液を絶対に見落としません。もし感染者を間違ってマイナスと判断したら大変なことになります。ですから、スクリーニングの結果でマイナスと出たものは正真正銘のマイナスです。

ＨＩＶ抗体は６〜８週間ほどで血中に出てきます。しかし個人差があることなので、余裕をみこんで、血液検査は感染機会があってから３カ月以上経過した時点で受け付けることになっています。それ以前の段階で検査してもあまり意味がありません。

エイズの検査で使う血液の量は５ccもあれば十分です。いったん固まった血液を遠心分離機で毎分３６００回転くらいで15分間振り回します。すると血液は血清（澄んだ液体）と血餅（血の塊）に分かれます。この血清に試薬を混ぜて、ＨＩＶ抗体検査をやるわけです。

日本で実施されている主なスクリーニングには２種の方法があります。

①酵素法（ＥＬＩＳＡ＝エライザ）

②凝集法（ＰＡ法）

エライザは世界的に多用されているもので、血清にエイズウイルスの蛋白質を混ぜて発色反応を読み取る検査法です。タイでもスクリーニングはもっぱらこの方法が利用されています。エライザもＰＡ法も感度は鋭敏です。前にも説明したようにプラスをマイナスと判断するミスはなく、マイナスをプラスと判断される場合が０・３％ほど出ます。リューマチや膠原病の患者、ステロイド剤を使っていると、陽性と出るケースがあるんです。プラス反応を示した検体は確認検査にかけられます。これには２種ほど方法があります。

①ウエスタンブロット

②蛍光抗体法（ＩＦＡ）

駒込病院はスクリーニング（エライザと凝集法）とウエスタンブロットを行い、蛍光抗体法だけは都立衛生研究所と都立神経研究所とに依頼します。エイズは性病なので駒込病院は、ＨＩＶ抗体検査と同時に梅毒の検査〈ワッセルマン反応〉をみます。場合によっては血球計算（赤血球、白血球、血色素、血液像、赤血球容積比）などを調べます。なぜかというと血球計算は、抗体が陽性と判定されたとき、あとから病気の進行を追尾するための基礎資料になるからです。Ｔ４リンパ球などの増減をチェックすることで発病がどのくらい近づいているか予測できるからです。抗体検査は健康保険がききません。全部自費ということになります。料金はこれに初診料が加わりますから１万円近くになることもあります。結果がわかるのは２週間後になります。

保健所ならもっと安くあがります。東京都の場合ですと、スクリーニングは１６００円ですみます。横浜市は１６８０円です。都内の保健所で集められた検体は新宿・大久保にある都立衛生研究所で一括して検査しています。確認検査が追加になると、本来4000円（横浜市は4080円）別途に払うのですが、現行では都や市が負担してくれます。東京都の場合は結果がわかるのは2週間後になります。横浜市はスクリーニングだけなら1週間で結果を知らせてくれます。

保健所で行われている検査法はスクリーニングはエライザ、確認テストはウェスタンブロットが用いられています。駒込病院では疑わしい検体は全部で4種類のチェックを受けます。

抗体検査の欠点は日数がかかりすぎることです。採血してから2週間は長すぎます。勇気をふるって抗体検査を受けたのに、結果が出るまで2週間待たされるのはつらい。その間、仕事も手につかないことだろうと思います。

私たち駒込病院の感染症科の医師や看護婦は健康診断のために、半年に一回のペースで血液検査を受けています。危険な行為はなかったから絶対大丈夫だとわかっていても、この2週間はやはり落ち着けません。せめて、1週間に短縮したいものです。スクリーニングそのものは数日でできるんです。現在は検体がたくさん集まるのを待って一度に検査を実施しています。このやりかたは試薬を一度で使いきる点で安上がりだし、検査にあたる人手も集約的かつ効率的に使われます。とにかくネックはコストなんです。この問題はなんとか克服しなくてはいけないと思います。

91年夏、タイ赤十字社はバンコクに匿名エイズ検査クリニックをオープンしました。ここでは採血後3日で結果を知らせます。スクリーニングの料金は80バーツ（400円）です。特急コースは200バーツ（1000円）と割高になりますが、数時間で結果がわかります。ここでは梅毒とB型肝炎の検査も同時に行われています。検査を受ける側への配慮は日本も見習うべきではないかと思います。

第3章 エイズとＳＴＤ

第2章でおわかりだと思いますが、エイズはセックスを通じて感染します。ですから広義の性病(Venereal Diseases＝ＶＤ)の一種なのです。もっとも最近は性病という用語の代わりに性行為感染症(Sexually Transmitted Diseases＝ＳＴＤ)を使うようになりました。一昔前までは性病といえば、4種類しかありませんでした。梅毒、淋病、軟性下疳、鼠径リンパ肉芽腫(別名・第四性病)です。

これらは今でも届出性病として扱われており、これを診察した医師は保健所に届けることになっています。

性病という言葉がすたれてきた原因は、この用語には「男と女がノーマルなセックスすることによって伝染する性的な病気」というイメージがこびりついているからです。避妊ピルの登場以来、セックスは急速に多角化しました。オーラルセックスはいつの間にかありふれた性行為になりました。アナルセックスも、異性間交渉で行われるようになりました。今まで主流にいた「膣の中にペニスが入り、摩擦運動が続き、射精に至る」コースはセックスのほんの一部にしかすぎなくなりました。いままでの性病という概念では、現代の多様化したセックスから派生する病気をくくることができないのです。英語のVDの意味はまさに性交病です。それに対しSTDは性的な接触によって感染する病気です。意味の範囲がはるかに広くなっています。

STDは範囲が広く、一体どれだけあるのか医学上でも定説がありません。とりあえず病原体の種族別に列記してみます。

◆細菌によるもの

①梅毒
②淋病

③軟性下疳

④鼠径肉芽腫（鼠径リンパ肉芽腫とは別の病気）

◆ウイルスによるもの

⑤性器ヘルペス

⑥尖圭（せんけい）コンジローム

⑦サイトメガロウイルス感染症

⑧伝染性軟属腫

⑨伝染性単核症

⑩エイズ

⑪成人T細胞白血病（ATL）

⑫B型肝炎

⑬C型肝炎

◆クラミジア（小型の特殊細菌）によるもの

⑭鼠径リンパ肉芽腫（第四性病）

⑮非淋菌性尿道炎

◆原虫によるもの

⑯アメーバ赤痢
⑰ランブル鞭毛虫症
⑱膣トリコモナス症

◆真菌(かび)によるもの

⑲カンジダ症

◆節足動物によるもの

⑳毛ジラミ
㉑疥癬(かいせん)

クラシックなSTDである性病の4種から説明します。

〔梅毒〕

病原体は梅毒トレポネーマ(スピロヘータ)で、伝染期にある患者の唾液、血液、精液、膣分泌液などのなかに生きています。性行為によって、口や性器などの傷口から感染します。潜伏期は10日〜28日です。多発する部位は男性はペニスの冠状溝や亀頭部、女性では小陰唇や膣壁ですが、最近の傾向としては口腔や口唇にも発生しています。日本では梅毒患者の90

%がソープランド、またはそれに類似した場所で感染しています。

侵入部に小型の発疹が隆起します〈丘疹(きゅうしん)〉。これはまったく痛みません。それが硬いしこり〈硬性下疳〉になりますが、やがて自然消滅します。時間がたつと股の付け根のリンパ腺〈鼠径リンパ腺〉が腫れてくる。これが梅毒の第一期です。

第二期はその3カ月後、トレポネーマがリンパ腺内で増殖し、筋肉痛や関節痛などの症状が出てきます。患部に小型の暗赤色の紅斑〈ばら疹〉や丘疹が出現し、それも1カ月ほどで消退します。脱毛もあります。

第三期はその3年後、内臓や骨が冒され、ゴムのような弾性の結節〈ゴム腫〉がみられます。第四期は感染後10年以上、今度は心臓、血管、神経などを冒され、脊髄癆(せきずいろう)といって平衡感覚を失ったり、手足の感覚麻痺などがおきてきます。脳を冒され痴呆になることがあります。動脈にこぶ〈動脈瘤〉ができるとそれが破れて数分で死亡することがあります。ペニシリン系の薬で治療できます。梅毒の検査はワッセルマン反応といって血液をとって調べます。老人ホームで検査をする話をききますが、昔遊んだ70歳すぎの男性などはほとんど感染力がなくなっています。

［淋病］

１９８０年代初期から増加した淋病は、85年に施行された新風俗営業法の影響で徐々に減少傾向をみせていました。しかし最近は再び上昇方向にあり、90年は患者数が前年から微増してしまいました。日本のＳＴＤではもっとも多発している病気で、とくに男性患者が多く、女性患者の3～5倍もいます。

淋菌は口腔、尿道、膣、肛門などの粘膜部分に住みついています。この菌は非常に感染力が強く、セックスによる感染率は50％くらいになります。つまりコンドームなしでセックスすれば、淋病は2回に1回の割合で感染するわけです。エイズの感染率１％とは比較にならないほど強力なのです。淋菌はオーラルセックスを含む性的な行為で健康なひとの粘膜に付着します。たとえばピンクサロンでフェラチオをしてもらえば、女性の口の中で生きていた淋菌がペニスにくっつきそれで感染するわけです。小さな女の子の場合は膣の抵抗力が弱いため、性的接触ではない感染、たとえばお風呂で感染することもあります。

潜伏期は男性の場合は2～4日、女性は7～21日です。症状は一口に言ってしまえば尿道炎ですが、男女差が大きく、男性では尿道口が発赤し、排尿時に耐えがたい灼熱感があります。尿道からはどろどろした黄緑色の膿(うみ)が排出され下着を汚します。しっかり治療しておかないと合併症をおこし後遺症として尿道狭窄がおきることがあります。これは老人の前立腺肥大と同じで尿の出が極端に悪くなります。

女性の場合は主として膣が冒されますが、膣は痛感が鈍いところですから、男に比べて症状が軽く、軽症の場合は本人が気がつかないこともあります。症状は黄緑色のおりものが増え、排尿痛、排膿の他に子宮頸管炎がおきます。後期になって子宮内膜炎や卵管炎に発展すると強い下腹部の痛みと発熱に苦しみます。不妊になるケースがありますが、男女とも死亡する例はありません。

治療で問題になっているのは、ペニシリン系が効かない淋病が増えていることです。ペニシリン耐性をもつ淋病の割合は日本では10％ですが、東南アジアでは50％以上を占めています。淋菌は感染力が強いわりに外気には弱く、衣類に付いた菌は日光を浴びると死んでしまいます。

〔軟性下疳〕

日本では年間の患者数は100人いるかいないかですが、アフリカではもっとも流行しているSTDです。タイでもこの軟性下疳は多発しており、届出があったものだけで年間約5万件に達しています。これは淋病、非淋菌性尿道炎に次ぐ第3位の発生数です。大部分は性交によって感染します。性交直後に性器を石鹼で丁寧に洗えばかなり予防することができます。

菌の侵入後3〜5日で陰部に発赤、しこり、潰瘍が形成され、鼠径リンパ腺が腫れてきます。患部に触れると激しく痛みます。包茎の男性は亀頭包皮炎をおこすこともあります。通常は2〜3週間で傷のあと〈瘢痕(はんこん)〉を残して直ります。

〔鼠径リンパ肉芽腫〕

これは性交によるクラミジア感染症で、病原体は患者の直腸、尿道からの分泌物に生息しています。世界中に広く分布していますが、とくに熱帯・亜熱帯地方の海岸地域に多いことが判明しています。潜伏期間は2〜3週間で、局部にびらん、水疱などができ、その後に鼠径リンパ腺が腫れてきます。性器周辺の皮膚が分厚くなって、俗にいう象皮病のような状態になります。日本では第二次世界大戦直後は数百人の届出がありましたが、最近は年間に10人を下回っています。

※

症例③【異性間感染】

この男性は45歳、身長は約170センチ、体重は78キロ、立派な体格をしています。職業は会社役員で、数年間の長期滞在型海外勤務を繰り返していました。赴任先はとくにアフリカが多かったようです。同性愛でもないし、輸血を受けたこともない。完全な異性間感染です。

外国生活が長かったせいか、ずっと日本人女性とは性交渉はなかったと言っています。アフリカでは50人ほどの現地女性とセックスしたそうです。

——端的に言って相手のアフリカ女性は売春婦ではないのですか。

いや、本人はそうは言ってません。赴任した地方では、大切なお客には女性を差し出す習慣があるということなんです。現地に溶け込むには、現地の文化を尊重しなくてはいけないので、断りきれなかったと釈明しています。相手の女性はあくまで普通の娘だったと話しています。

この男性は84年から85年ごろ、別の病院で血液を調べ、陽性であることはわかっていました。駒込病院にはその病院からの紹介で、87年の春にきました。このときの血液中のＴ４リンパ球は６８５個でした。91年の秋の時点で、８０３個です。４年間で逆に増えています。この間ＡＺＴは服用していません。珍しく持ちこたえている例です。

——血液検査がまちがっていたのでは。

そんなことはありません。現在は体重が減ってきていて、日和見(ひよりみ)感染にまでは進んでいませんが、エイズ関連症候群(ＡＲＣ)で身体がだるいようです。月に１回外来にきています。

——このひとが血液検査を受けたきっかけは。

本人はエイズのことはぜんぜん自覚していなかった。この男性は83年夏にサンフランシスコでアメリカ人女性と1回セックスしています。これは売春婦のようです。そのときに淋病と性器ヘルペスをもらった。それが治らないので帰国後に治療を受け、そのとき同時に血液検査を受け、プラスであることがわかりました。

——だとすると、エイズの感染地はどっちになりますか。

アフリカの方だと思います。セックスした人数が50人ですから。アメリカも流行地ですが、アフリカもそれに負けない蔓延地ですからね。

——日本に帰国後、感染がわかる前の段階で、女性とセックスしていませんか。

日本人とはないですね。

——この男性は独身ですか。

いいえ、奥さんがいます。セックスをするときは必ずコンドームをつけるように指導しています。

——治療費は自費ですか。

いや、健康保険を使っています。

——勤務はどうしていますか。

今までどおり通勤しています。まあまあ元気な状態です。会社もこのひとがエイズに感染していることを承知しているそうです。

――くびにならないのですか。

普通に勤務してます。別に左遷されたともきいていません。

この男性は冗談を連発したり、とにかく明るい性格です。コンドームを使わなかった理由を訊ねても「ちょっと軽率だったかな」そんな答えが返ってくる。感染したのに態度に変化が見られない、例外的な症例です。

エイズに加勢するSTD

残り全部を解説することは紙面の制約上できないので、おもだったSTDについて説明しましょう。

〔性器ヘルペス〕

ヘルペスには、単純ヘルペスと帯状疱疹(水抱)ヘルペスの二種があって、性器ヘルペスは単純ヘルペスに属します。単純ヘルペスには口唇を中心に発症するI型と性器を冒すII型に分類されます。男性ではペニスに小さな水疱ができて、7～10日でつぶれ、びらんします。

触れるとひどく痛みます。性器ヘルペスは再発を繰り返しやすく、なかなか直らない病気です。オーラルセックスで簡単にうつります。アメリカでは累計で2500万人が感染したという統計があります。

妊娠中の女性が性器ヘルペスに感染していると、産道を通る間に新生児にも感染します。

〔尖圭(せんけい)コンジローム〕

潜伏期は2〜4週間、ペニス、女性器、肛門の周囲に小さな花キャベツ状のいぼが散在します。男性では亀頭包皮の内側に多く発生する傾向があります。外観は相当に不気味です。女性の場合は、子宮癌の原因になるケースがあることがわかってきました。これは投薬ではなく、ひとつずつ根気よく電気メスで焼いていきます。

〔伝染性単核症〕

潜伏期は2〜6週間、とくに若者に多くみられる病気です。悪寒頭痛から吐き気と続き、40度以上の高熱を発し、リンパ腺がはれ喉の痛みがひどくなります。軽い場合は数日で治りますが、重ければ回復まで数週間に及ぶこともあります。風邪と区別がつきにくい病気です。ただ、強調しておきたいことは、第1章で指摘した「エイズウイルスに感染後1〜2週間で15%のひとに出現する風邪様症状」とは、まさにこの病気に生き写しなのです。
この病気は主としてキスでうつることから、アメリカではキス病と呼ばれています。

〔成人T細胞白血病(ATL)〕

この病原菌は1981年に日沼頼夫京大教授（当時）によって発見されました。HIVと同じレトロウイルスに属するものですが、エイズウイルスとちがって発癌性があることが特徴です。潜伏期はエイズよりも長く15〜20年あります。日本では九州、四国の海岸沿いの地方に多く、エイズと同じようにT細胞がやられます。性行為だけでなく母乳によっても感染します。エイズと同様治療法が確立されていない恐ろしい病気です。発病すると全員が死亡し、年間の死者は400〜500人と推計されています。日本国内に100万人の感染者がいるとされています。

〔B型肝炎〕

肝炎にはAからEまでの5種類があることが確認されています。A型とE型は経口感染をするもので流行性肝炎とも呼ばれ、ウイルスに汚染された食品を食べることでうつります。D型は地中海沿岸地方、中東、アマゾン地域が主な流行地です。

B型肝炎はオーストラリアで発見されました。アジア、アフリカ、南米などの大陸にキャリア（保菌者）が多いのです。B型肝炎はエイズと同じように、血液、精液、膣分泌液を介してうつります。ということは感染経路はエイズと同一なのです。B型肝炎ウイルスがエイズウイルスとちがう点は唾液、つまりキスでうつることです。エイズウイルスも唾液中に含まれていますが実質的な感染力をもっていません。B型肝炎ウイルスはエイズウイルスよりずっと感染力が強いのです。

日本では人口のほぼ2％、約200万人がキャリアですが、東南アジアではほぼ10％がこのウイルスに感染しています。多数の男性と接する売春婦はなおさら罹患率(りかんりつ)が高いだろうと推定されています。買春ツアーで感染する怖い病気はエイズだけではないのです。事実、東南アジア帰りの旅行者がB型の急性肝炎にかかるケースがざらにあります。

B型肝炎ウイルスに感染しても無症状のまま経過する場合と、慢性肝炎から肝硬変、肝臓癌に進行する場合があります。B型肝炎は最近、ワクチンが完成し、治療法が確立されつつあります。

〔C型肝炎〕

日本ではB型より猛威をふるっている肝炎です。C型肝炎は以前、非A非Bと呼ばれていた肝炎のうち70〜80%を占めていたことが判明しました。診断できるようになったのはつい4年前のことです。感染経路は完全に解明されたわけではありませんが、ほぼB型肝炎と同じで人間の体液と考えられています。しかし感染力はB型よりずっと弱いようです。日本人の抗体保有率は1%といわれています。

エイズと比べてどちらが感染力が強いのかはよくわかっていません。エイズウイルスの方がいくらか弱いのではないかという専門家もいます。C型肝炎ウイルスそのものは虚弱ですが、及ぼす害はB型肝炎ウイルスよりはるかに悪質です。急性肝炎がいったん治ったようにみえても、5〜6年後に健康診断を受けると慢性肝炎になっているケースが多いのです。急激に黄疸（おうだん）が出て肝機能不全に陥る劇症肝炎（死亡率25%）をおこすのもB型よりC型が多いのです。急性肝炎から肝硬変、肝臓癌に至る確率もB型より高い。

ウイルス性肝炎全体の中でC型肝炎が50〜60%を占めています。治療の切り札はありません。インターフェロン療法が有効な場合が多いようです。

〔非淋菌性尿道炎〕

症状が淋病に非常に似ている尿道炎ですが、淋病よりも症状は軽く、女性では気がつかないひとが大勢いるほどです。潜伏期は6日から3週間と淋病より長く、感染経路はほぼセックスにかぎられるようです。日本では増加傾向にあり、今までに罹患したひとは推定100万人、アメリカでは年間300万人の患者が発生しています。

病原菌にはクラミジア、カンジダ、マイコプラズマなどがありますが、非淋菌性尿道炎の約60％はクラミジアが占めています。

〔アメーバ赤痢〕

赤痢を大別すると、赤痢菌でおきるものとアメーバ原虫でおきるものがあります。普通の場合は赤痢というと自動的に細菌性のものを指します。どちらも血便が出ることがあります。ただ細菌性は粘血便、アメーバ性はイチゴジャム状です。

赤痢の80％は海外からのうれしくないお土産です。圧倒的に多いのはやはり細菌性です。こちらは潜伏期も5日以内と短いが、アメーバ性は3週間から3カ月と長い。アメーバ赤痢はきちんと治療しておかないと肝臓に膿の塊〈肝膿瘍〉をつくりやすいのです。肝臓に膿瘍ができると上腹部痛がおきたり、40度を超える高熱が出たりします。塊が破れて膿が腹部内に洩れると腹膜炎がおきます。これで死亡する例があります。だからアメーバ赤痢で一番怖いのは肝膿瘍です。

アメーバ原虫は食品に付着していて、それを食べると口に入り、感染するわけです。この原虫は消化管の中で生息しているので、当然人便の中にもいます。

最近、国内感染が多くみられるのが特徴です。またアナルセックスでうつるのです。エイズの検査にきた患者の中にときどき肝膿瘍がみつかることがあります。その多くは男性なのですが、しかし、たとえ女性でもアナルセックスをすれば、感染する機会は同じようにあるということです。

〔ランブル鞭毛虫症〕

これは東南アジア方面に長く滞在したひとたちにときたまみられるもので、慢性の下痢がだらだらと1週間以上も続く病気です。ひとによっては胆嚢炎をおこすこともあります。つい最近のことですが、1カ月間アフリカを旅行してきた大学院生が6人発熱し腹の具合が悪いというので、診察をうけにきたのですが、うち4人からこのランブル鞭毛虫が発見されました。これは野菜とか果物についている原虫です。

この病気は、まれにアナルセックスをする人にみられます。お尻を舐めたりすると口から感染する危険率は当然、高くなるわけです。この大学院生たちの場合は、アナルセックスをしていません。経口感染したのです。

このように腸内病原体がＳＴＤになったという背景には、アナルセックスの他に口と膣、口と肛門などのオーラルセックスが一般化したという現実があるのです。

※

症例④【異性間感染】

この女性は26歳で、アメリカのニューヨークで和食レストランに勤めています。16歳のときにアメリカに渡り、以来10年間住み続けた女性です。たまたま89年に日本に里帰りして、友人の医者が勤めている病院で人間ドックの検査を受けました。アメリカはエイズの流行がひどいということで冗談気分でＨＩＶ検査を受け、エイズに感染していることがわかりました。独身ですが、もちろん男性との親密な交際はありました。避妊にはピルを使い、コンドームは避けていたようです。相手はほとんどアメリカ人だったということです。

ただセックスの相手がどの程度の人数だったかなど詳細はわかりません。この女性も1回か2回通院しただけで、アメリカに帰ってしまいました。仕事の場もアメリカだし、日本ではエイズ感染者を温かく迎えるどころか、社会から排除しようとする。たとえばロサンゼルスではボランティアグループがエイズ患者の家を定期的に訪問したり、食事を届けたりしている。日本では後ろ指をさされる。そんな不自由な国で治療を受ける気持ちになれないと言うのです。それ以降の消息は不明です。それから3年ですから、そろそろエイズ関連症候群が始まっているかもしれません。

＊

〔膣トリコモナス症〕

3～5本の鞭毛をもつ原虫が、膣内で繁殖することによっておきる病気です。自覚症状としては、外陰部に痒みや灼熱感があり、膣の入口から膣壁にかけて赤くただれたような状態になります。泡のまじった悪臭性のおりものが急増するのが特徴です。

男性性器でも発見されますが、男性の場合はほとんど症状らしいものはなくむず痒い程度です。ただし、ピンポン感染になりますから女性だけでなくパートナーの男性も治療しておかないと、いつまでたっても治らないことになります。

〔カンジダ症〕

カンジダ膣炎をおこす病原体はカンジダ・アルビカンス・バギニティスというかびの一種で、健康な女性の膣内にも常在しているものです。ですからカンジダが見つかったからといって、ただちに膣炎とは決められません。白いおりもの(糊またはお粥状)が分泌され、陰部の痒みがあります。これはトリコモナスとちがって男性にも陰茎炎をおこします。陰茎炎に冒されたペニスはかびで白っぽくなります。エイズの日和見感染に出てくるカンジダ(食道炎などをおこす）は同じものです。

〔毛ジラミ〕

陰毛に生息している毛ジラミが性的な接触のさいに飛び移ってくるわけですから、このSTDだけはコンドームをつけても防止できません。若いお母さんには、子供の頭髪につくシラミを毛ジラミと勘違いしているひとが多いようですが、あれは「アタマジラミ」です。まちがえないように。毛ジラミはときどき眉毛や睫毛に寄生することもありますが、おもに陰毛に住んでいます。

体長は1・2から2ミリで、体色は白、陰毛にフケがついているように見えます。姿は蟹に似ています。ですから英語の俗語では毛ジラミのことを「クラブ＝蟹」といいます。毛ジラミは昆虫の一種です。通常はかなりの痒みがあります。薬は市販されていませんが、病院に行けば、出してもらえます。

〔疥癬〕

別名をヒゼンダニといい、皮膚の直接接触でうつります。下腹部や性器周辺の柔らかい皮膚に住みつきます。肌の表面が土手状に盛り上がって、まわりがすこし赤くなりひどい痒みがあります。患部は楕円形になっている場合が多いようです。疥癬はクモの仲間です。

ＳＴＤといっても軽視することはできません。Ｂ型肝炎、Ｃ型肝炎、成人Ｔ細胞白血病、エイズは人間の生命を奪う力を持っています。Ｂ型肝炎とＣ型肝炎の保菌者は日本全国で３００万人以上に達するだろうといわれています。外国に行けば、保菌率はさらに高くなります。長い人生ですからいつかはキャリアと接触する機会があると思います。覚悟を決めておくべきかもしれません。しかし、怖じ気づくことはありません。きちんと防衛の手段をとれば自分の健康を守ることができるのです。なおざりにすれば、自分だけではなく大切な家族までも巻き込むことになるのです。

エイズとの関連でいえば、ある種のＳＴＤはエイズウイルスの感染を助長しています。なぜならほとんどのＳＴＤは性器にびらん、潰瘍、炎症をつくるからです。これらはエイズの侵入する傷口なのです。たとえ傷になっていなくても皮膚や粘膜の表面が弱くなっていますから、セックスのちょっとした刺激で傷がつき容易に出血します。

ＳＴＤの多くはエイズの感染力を強化させるのです。男女のどちらにＳＴＤがあっても感染率が急上昇する可能性があります。性器に潰瘍をつくるという点でもっとも危険なＳＴＤ

は梅毒、軟性下疳、ヘルペスといわれています。1回のセックスでのエイズの感染率は1％以下といわれています。しかし、一度ＳＴＤが加われば確率は数倍に跳ね上がるのです。駒込病院での資料でも男性同性愛感染者の大半が、梅毒にも感染していたことがわかっています。エイズ感染と梅毒にはなんらかの因果関係があるとみてよさそうです。

ザンビアの首都ルサカにあるザンビア大学医学部皮膚・性病科の主任教授、ヒラ博士は91年に東京で開催された国際ウイルス学学会で怖い発表をしています。アフリカ東部の共和国、ケニアの首都ナイロビで88年に実施された調査によると、どちらかがエイズ感染者だった場合、1回のセックスで感染する割合は8％と出たのです。ケニアのエイズ患者は約1万人です。アフリカの中ではエイズ患者が飛び抜けて多い国ではありません。

御存知のように、アフリカでは軟性下疳が流行しています。それがエイズの蔓延に加担していることは十分考えられます。それにしても8％、つまり12回に1回の確率でエイズが伝染するのです。これはアフリカだけの話ではありません。相手がエイズに味方するＳＴＤをもっていれば、この恐怖はいつでもあなたにふりかかる可能性があるのです。危険率はとても1％ではすまないということです。

第4章 感染症科エイズ診察室

都立駒込病院では１９８５年10月からエイズ外来をおきました。日本で最初のエイズ患者が認定されてから7カ月後のことでした。それからほぼ6年半、来院したひとの数はざっと1万人と推定しています。そのうちＨＩＶ陽性と判明し、この病院で治療を受けた人数は２００人弱になります(この中には残念なことに亡くなった方が含まれています)。おそらくこれは日本ではもっとも多い症例だと言われています。駒込病院では現在、月間およそ１５０〜２００人の外来があります。一定ではありませんが、その中から平均して4〜5人の感染者が発見されます。

東京都では83〜84年ごろからエイズに対する体制づくりを始めました。エイズは感染症だから、扱うのは感染症科を持つ都立病院にしようと基本方針も決まりました。それらは荏原、豊島、墨東、駒込の各病院です。当時、総合的な機能を発揮できるのはやはり駒込病院だからＨＩＶプラスが出たら、当分は駒込でやってもらおうという方向でまとまりました。最初のころはＨＩＶ陽性者は年間に１〜２人でした。数も少ないことだし、駒込病院にお願いしようということが続きました。臨床の経験を積んでくるとますます駒込病院に患者が集まるようになり、現在に至ったわけです。

エイズを診ているのは感染症科です。感染症は以前は伝染病といっていました。感染症も伝染病も同じものです。

エイズの待合室の雰囲気は独特なものがあります。普通の病院、とくに内科などでは、患者同士もなんどか顔をあわせれば、挨拶をするようになるとか、おたくはどこが悪いんですか、などと世間話が出たりします。しかし、エイズ待合室はみんな無言で、下を向いています。知らないもの同士が世間話をしているシーンを一度も見かけたことがありません。本を読むひともいない。全員が黙りこくって、自分の名前が呼ばれるのをじっと待っています。沈鬱な雰囲気が漂っています。

エイズ外来は毎週月・火・水の3日間です。駒込病院の診療受付は原則としてコンピュータを使った電話予約制になっています。エイズ外来が混雑しているときは、緊急性のない新患の場合で最大で1～2週間ほど待たされることがあります。診察に当たる医師は合計6人、そのうち常勤は私を含めて4人です。1日に12～14人くらいのひとを診療しています。エイズ外来といっても私たちは内科医ですから、たとえばカポジ肉腫の患者は皮膚科の先生の助力をあおぐことになるし、手術ということになれば外科の先生にまかせることになります。

感染症というのはエイズだけを対象にしている科ではありません。私の場合は法定伝染病の他にマラリア、デング熱、肺炎などの一般感染症、それから海外からの帰国者・入国者に発生する旅行者下痢症、コレラや赤痢、腸パラチフスなども診ています。

初期のエイズ外来は、やはりホモセクシュアルの男性が過半数を占めていました。91年の暮れにこんな事例を扱いました。5人ほどの大学生が集団で血液検査を受けにきたんです。話をきいてみたら、高給につられてよく内容も確かめずにバイト先に行ってみると新宿2丁目にあるバー。逃げ帰ることもできず、迷っているうちにお尻をやられちゃったというのです。全員がＨＩＶマイナスでした。

最近の傾向として、去年あたりから異性間性的接触による相談がどんどん増えています。男性の場合は、たとえばアメリカなどで数年仕事をしていて、アメリカ人とセックスの機会があったひとたちです。御存知のようにアメリカは世界一エイズ感染者が多い国ですから、帰国してから心配でたまらなくなる。もうひとつは東南アジアで売春婦とセックスして、日本に帰ってから不安にかられるひとです。どちらからも実際に感染した例が出現していますす。

日本人同士の異性間性的接触も、目立つようになりました。

神経質な男性はＨＩＶ検査でマイナスと判定されているのに医師の言うことを信じない。どんな本で読んだのか、エイズウイルスにはＨＩＶⅡ型という別種がアフリカにあって、それかもしれないから、もう1回検査してくれとか、とにかく自分がエイズに感染していると信じ込んでいます。ノイローゼ状態がひどい場合は神経科の先生に診てもらうこともあります。思い込みの強いタイプはどうもインテリに目立つようです。

女性は、独身の場合は、赤坂で飲んでいて声をかけられ、酔いも手伝ってセックスしたのはいいけれど、どうもあの男は危ないのではないかと気になるケース。主婦の場合は、旦那がしょっちゅう海外出張している、本人は否定しているけどどうも買春しているらしい、夫の言うことなんか信じられないから、検査してくださいとやってくるケースが多いようです。主婦がスナックで口説かれてホテルに行き、あとで怖くなって駒込病院にきた例もあります。このような事例は今のところほとんどがマイナスと出ています。

検査の結果、HIV陽性とわかれば7日以内に都知事に届けることになっています。届けの正式な名称は「エイズ病原体感染者報告票」といいます。報告の内容は年齢、性別、国籍、感染者か患者かの別、感染したと推定される原因（たとえば異性間の性的接触）と地域（国内か国外か）及びHIV陽性と診断した検査法です。法定伝染病は住所、氏名、生年月日から世帯主まで詳細に届けます。それに比べエイズはかなり大雑把です。

駒込病院はエイズ電話相談も実施しています。これは87年の1月から始まりました。この月は神戸で日本人女性エイズ患者が死亡したときで、いわゆるエイズパニックが起こった時期です。それ以降91年の9月までに、電話相談は合計で約1万8500件に達しました。開始した当初は1日平均80件弱の電話がかかりました。あくまで電話を受けた者の主観ですが、ノイローゼ状態の相談者の割合は88年から90年にかけては25％ほどでした。91年に入って15％に減じ、それ以後は10％に落ち着いています。

現在では電話相談の件数は1日平均30本です。電話相談の特徴はエイズに関する大ニュースが報道されるとどっと増える傾向にあります。

2万件に近い電話相談の内容を通じて言えることは、日本ではまだまだエイズに対する正しい知識が不足しており、それが原因で誤解や恐怖が生じているということです。ボランティアの女性2名と医師1名の計3人で電話をとっています。受付時間は月曜日から金曜日の午後2時から4時半までです。

私自身も交代で電話に出ています。長いときには20分くらいかかるのもあります。2時間半で10本くらいの相談に答えています。神経過敏な男性の相談でよくある例は「タイに5泊6日で旅行に行ったとき、2回セックスをしたんです。たった2回です。だから僕は大丈夫ですよね」と執拗(しつよう)に迫ってくるケースです。そんなことは血液検査をしてみなければ答えの出しようがないのですが、でもその男性は検査が怖い。それで駒込病院の医師に感染していないと保証してほしいのです。「そんなことを言わずに、検査を受けなさい」と忠告すると「エイズを治す薬ができたら、いつでも検査を受けます」相手はそう切り返して電話を切ります。

建設会社の監督からこんな電話がありました。そこの現場事務所に東南アジアから来た女性が働いているのだけど、彼女のいれたお茶を同僚が飲もうとしない。みんなが怖い怖いと避けている。どうしたらいいでしょうという相談でした。

ところで、異性間感染の相談は若い層ばかりではないんです。50歳くらいの女性から、70歳の老人とセックスしたが心配だというのがありました。その老人はとても精力的で、自分と交際している間にも台湾に行って遊んできた。だから不安だというのです。人間は年齢を重ねてもセックスに関するかぎり恬淡(てんたん)とした境地にはなれないようです。

駒込病院感染症科病棟の部屋数は個室も含めて16室です。最大48人の収容能力があることになっていますが、実際はそれよりも少ない患者数で満員になってしまいます。というのは、あくまで感染症科ですから、病棟にはエイズ患者だけを入院させるわけではありません。それ以外の伝染病の患者もここに入院しているわけです。

大部屋にエイズ患者とそれ以外の患者を一緒に入れることは可能なのですが、たとえば採血ではエイズ患者から血液を採るときは手袋をすることに決まっています。それを見た他の患者は「なぜあのひとにだけ手袋をするのか」と疑問を抱きます。エイズ患者のプライバシーが保てなくなるのです。

同じエイズ患者なら大丈夫かといえば、30代だというのにエイズ痴呆のためおむつを当てている患者もいます。同室にいるまだ元気なエイズ患者がそんな光景を見たら、どう思うでしょう。ですから部屋を別にせざるをえない。そんなわけで効率的な病室の使い方ができないのです。個室に収容した場合でも、それは患者の希望というより病院側の都合ですから特別料金は徴収できません。今までにもっともエイズ患者が多かったときは10人以上が入院していたこともあります。通常は数人が入院しているような状況です。

※

症例⑤【偽陽性地獄】

この男性は28歳、90年夏から91年夏までの1年間に合計10回ソープランドに通っています。一度もコンドームを使っていません。エイズが急に気になり始めて、エイズの血液検査を受けようと思いました。保健所に問い合わせたら、今検査しても時間が経過していないからＨＩＶ抗体が出ていないかもしれないので、11月まで待つようにとアドバイスされました。３カ月待っているうちにもっと気になり始めました。

11月、保健所で検査をしたところ、プラスマイナスつまり偽陽性と出た。スクリーニングはエライザで調べたのですが、これはプラス。そこで確認法をやってみると、ウエスタンブロットがプラスマイナス、蛍光抗体法がマイナスでした。

保健所としてはこれでは完全にマイナスとも言えないし、数カ月したらプラスになるかもしれない。とにかく2〜3カ月待つようにと言いました。本人はいてもたってもいられない心境になっても、保健所ではそれ以上の対応はできない。そこで駒込病院に依頼があったわけです。

ここには11月中旬に来ています。ここでの検査の結果もスクリーニングではエライザ、凝集法ともプラス、ウエスタンブロットがプラスマイナス、蛍光抗体法はマイナスでした。このような場合、蛍光抗体法がマイナスだから、この男性はＨＩＶマイナスである可能性が十分ある。しかし、一度大丈夫ですよと言い切ってしまって、もしあとでプラスに出たら大問題になる。そこで来年の2月まで待ちなさいと言い渡しました。

12月の初旬、この男性は風邪をひきました。喉が痛いし、熱も出てきた。そういえば関節も痛むようだ。本人はこれで震え上がってしまいました。エイズウイルスに感染してから1～2週間後にあらわれる風邪様症状だと思い込んだからです。これでついにプラスになるのだと妄断してしまった。だんだん食欲も落ちてきた。一日中ひどい頭痛がすると訴えるのです。私としても放置できないので、リンパ腺に触れてみたり、いろいろ調べてみました。どこも異常はないんです。

この男性には婚約者がいました。もちろんセックスもしている。かなり純情で小心な男性ですから、もう怖くて婚約者にも会えない。婚約を解消すべきかもしれない。寝不足が続いて、目が腫れてきました。「俺がソープランドで遊んだばっかりに彼女にエイズをうつしたかもしれない。俺は自業自得だからあきらめもつく。しかし彼女はなんの罪もない」そんな悩みで眠れなくなった。睡眠薬をくれというのですが、睡眠薬はだんだん量を増やさないと効き目が悪くなるし、習慣性もある。そこでこの男性には精神安定剤を与えました。この薬は眠くさせる作用もあるのです。

3カ月なにもしないでただ待っているのはつらいというので、リューマチや膠原病(こうげんびょう)の検査をしました。この病気があると、プラスマイナスと出る場合があるからです。私としては時間稼ぎでした。予想通り、それらに関しては異常なし。が、この男性にしてみれば、偽陽性の原因が、たとえばリューマチが発見された方がよかったのです。このひとはいよいよ「ああ、もう俺はだめだ。やっぱりエイズなんだ」と落ち込んでしまった。様子がおかしいので婚約者に疑われたらしく、彼女には「癌の疑いがあると言われて病院で検査を受けている」と嘘をついたようです。

とにかく彼女を病院に連れていくから、エイズ検査をしてくれと要求するのです。そのときエイズの検査だとは絶対に言うな、という条件で。私としては本人の同意がなければエイズの検査はできないと断ったのですが、そんな杓子定規なことを言わないで、肝臓の機能検査だとごまかして彼女の血を採ってくれと執拗に繰り返す。そんな電話が1週間に4回もかかってくる。泣きそうな声なんです。「すぐに彼女の検査をやってくれ」「いや、それはできない」の押し問答が繰り返される。ちょっとした口喧嘩でした。

この男性は「なにも知らない彼女の顔を見ていると、この女が感染しているかもしれないと思うと、もうそんな苦悩には耐えられない」と哀願する。僕は「もう少しで検査が受けられるんだから、辛抱しなさい」そう説得するしかなかった。

2月初めに採血し、念には念をいれ、検体を2カ所の検査機関に検査を依頼しました。ウイルスがいるかどうかも調べました。結果は心配なし、無罪放免でした。「もう大丈夫だからね」と祝福しました。ところが彼は「もう駒込病院に来なくていいのですか」と納得しない様子でした。「あと2〜3カ月たったらまた検査してください。関節が痛むからまだ安心できません」と言うのです。

これ以上は内科の管轄になるので、専門の先生に診察してもらうようにと突き放しました。CPK(クレアチンキナーゼ＝筋肉中に存在する酵素)の検査を受けたところ、正常値が180のところを322あると言われた。この数値は心筋梗塞の発作をおこしたときや組織の崩壊があったとき高くなるのです。それでまた電話がかかってきた。「やっぱりエイズにかかっていたのではないか」と声が震えていました。そんなことで今でもときどき電話がかかってきます。

——この男性の職業は。

サラリーマンではなく自由業です。

――最終的にマイナスとわかった瞬間、このひとはどんな様子でしたか。

狂喜乱舞という感じではなかったですね。にこにこはしましたが「先生、本当ですか」と半信半疑の様子でした。ずいぶん念を押してきました。そこで検査の伝票を出して「ほら、ここの名前を読んでごらんなさい」と差し出しました。本人は「あっ本当だ。俺の名前だ」と言って2回、声に出して読んでいました。

エイズ検査の結果を2週間待つだけでもつらいのに、このひとは偽陽性といわれてこちらに回された。それでまた3カ月待たされる。これは精神的にひどい苦痛だと思います。結局この男性は心配が始まってから6カ月間苦しんだわけです。とくに婚約者がいたからなおさら苦悶したのです。この心理は理解できます。

検査が万能というわけではないんです。体質ということも関係するのでしょうが、こんな事例が年に2～3回あるのです。

エイズ診察室

診察の実際の状況をわかりやすくするために、あるモデルを設定しました。このひとは28

歳の男性で独身、国立大学を卒業して、某大手電機メーカーに勤務しています。職種はコンピュータソフトの開発なのでかなり激務です。過去に女性と交際した経験はごくとぼしいようです。名前を仮に立川さんとしておきましょう。このシミュレーションは過去の症例を参考に具現化したものです。診察室での問診もこのように進行します。

立川　最近どうも身体の調子がよくないので心配になってきたんです。疲労感が強いし、腹の調子も悪いし、このところ体重が減っているので、エイズじゃないかと不安でたまらないんです。

山口　エイズに感染するような心当たりがあるのですか。

立川　ある女性とセックスしました。今までに深い関係まで進んだ女性はひとりだけです。上司に紹介されて24歳の女性と見合いしたんです。その女性は有名短大を出ているお嬢さんです。そのひととセックスしました。彼女に誘われて一晩泊まって1回セックスしました。交際はそれで終わってしまいました。ただ、あとになって、その女性が海外旅行先で派手に遊んでいるという噂を聞いたもので、気になって、気になって。

山口　そのときコンドームはつけましたか。

立川　僕はつけようと思ったんですが、彼女が安全日だから必要ないって強く言ったので、つけませんでした。

山口　もし相手がキャリア（保菌者）だったら危ないね。でも血液検査をするにしても、その日から3カ月以上経過してないと抗体反応が出ないので、確かめたいんだけど、このセックスはいつのことですか。

立川　2年くらい前です。

山口　セックスじゃなくても、たとえば酔った勢いで同僚とピンクサロンのような場所に行って、フェラチオされたことはないかな。よく思い出してください。

立川　ありません。僕はそういう所が好きじゃないんです。

山口　おたくの心配事を具体的にききたいんだけど、どんな症状が出ているのかな。

立川　とにかく疲労感が強いんです。仕事がら忙しいこともありますけど。

山口　腹の調子が悪いというのは、たとえば、お腹が痛いとか、吐き気がするとか、胸焼けとか、げっぷとか、どんな感じですか。

立川　お腹がちょっと痛む程度です。

山口　下痢はお腹が痛む前、それとも後ですか。それとも下痢とは無関係に腹痛がおきるのですか。

立川　ちょっと前に痛くなります。

山口　なるほど。熱が出ることはありますか。

立川　このところ熱っぽいです。計ってみたら37度と少しありました。

山口　微熱ですね。おたくの最初の症状はだるさでしたね。いつから感じましたか。

立川　ここ1カ月です。

山口　寝汗はかきますか。

立川　かきます。毎日ではありませんが。

山口　下痢はいつから始まりましたか。1日の回数は。

立川　これは3週間ほど前です。回数は日によってちがいますが、平均5～6回です。

山口　どんな下痢ですか。水状、それとも泥のような便ですか。

立川　どっちかというと、水っぽい感じです。

山口　吐き気とか歯が痛いとかはありませんか。

立川　胃の調子はよくないですけど、歯痛や吐き気はとくに感じません。

山口　微熱はいつから。

立川　腹痛と同じころです。3週間前です。

山口　体重は以前はどのくらい、今は。

立川　以前は60キロありました。身長は178センチです。もともと痩せていましたが、この2カ月で8キロ減りました。

山口 喉が乾きますか。

立川 いいえ、そんなには。

山口 両親や兄弟に糖尿病のひとはいますか。

立川 いません。

山口 最近献血をしたことはありますか。

立川 献血は一度もしたことがないです。

山口 わかりました。血液検査をやりましょう。エイズの検査は健康保険がきかないので自費になりますが、それでもいいですか。ここではエイズは性病という考え方をしているので、同時に梅毒や白血球の検査もやっておきます。結果は2週間後に出ます。おたくの場合は心配を消す意味でも、内科の検査を並行してやっておいたほうがいいと思います。ですから今日明日にも近くの病院で内科の検査を受けた方がいいでしょう。そこで、微熱や下痢や腹痛のことを話してください。

そうだ、ひとつ質問を忘れた。海外に行ったことがありますか。

立川 ありますが、会社の出張です。東南アジアです。たしか2カ月前だったと思います。僕は女なんか買っていませんよ。

山口　東南アジアは地域によっていろいろな伝染病があります。たとえばだらだらと下痢をする場合だと寄生虫が原因のこともあります。外地に滞在している間は平気でも、帰国後に症状が出るケースが多いんです。

2週間後

山口　立川さんですね。残念ですが、検査の結果、エライザ、凝集法とも陽性と出ました。確認のためウエスタンブロット法と蛍光抗体法で詳細に調べました。どちらもプラスですから、まちがいなくＨＩＶに感染しています。
今後の生活上の注意があるので、そのあたりをお話ししたいと思います。

立川　信じられません。他人の血液とまちがえたのではないですか。

山口　この病院ではきちっとした管理をしています。そのような初歩的なエラーをすることはありません。伝票もほら、きちんとあなたの名前になっています。

立川　だってたった1回しかセックスしてないのに。

山口　1回でも感染することはあるんです。おたくはたしか輸血を受けたことはなかったはずですね。

立川　僕は入院したこともありません。

立川 先生、僕は、この病気はどうなるんですか。

山口 おたくはエイズのことをどのくらい知っていますか。

立川 いや雑誌で読んだ程度です。

山口 日本語でいうと後天性免疫不全症候群です。どういうことかというと、エイズウイルスに感染すると体内の免疫細胞がだんだんやられてきて、ウイルスや細菌に対する抵抗力がなくなる。そのまま放置しているとだいたい7〜8年、早い場合は2〜3年たつと発病してくる。だから発病させないためには注意が必要なんです。だんだん時間がたってくると、いろいろな症状が出てきます。リンパ腺が腫れてくるとか、しょっちゅう下痢をするとか、寝汗もかくとか。

今の段階だと1カ月に1回来院してください。そのときに、なにか変わったことや心配なことがあったら遠慮なく私に言ってください。こんなことを質問したら笑われるとか、神経質だと思われるとか、余計なことに気を回さなくていいですからね。経緯をみるために血液検査をします。コレステロールや糖尿の検査ではありませんから、いつも通り朝食をとってから来てください。胸の写真などの検査が必要になったらそれもやります。それから、具合が悪くなったらいつでも電話してください。

立川 発病するとどんな症状が出てきますか。

山口　発病すると口の中にかびの一種が巣くったり、肺炎や悪性腫瘍などをおこすことがあります。またエイズウイルスで直接中枢神経障害や、クリプトコッカスというかびの一種が髄膜炎をおこして脳がやられることもある。そんなことが起きたら大変だから、できるだけ発病を遅らせるようにしましょう。それには定期的な通院が欠かせません。こちらの指示は守ってください。必要なときは薬を出しますから正しく服用してください。頭痛にはよく注意してください。痛みが続いたり、熱が出てくるとか吐き気がしたらすぐに連絡してください。エイズは発病すると難しい病気ですけど、とにかくできるだけのことをやりましょう。お互いに協力しましょう。

それからセックスは控え目に。できるだけマスターベーションで我慢してください。処理に使ったティシューは、すぐトイレで流すこと。そこいらに放っておくと家のひとがうっかり触れるかもしれません。

どうしても女性とセックスする場合は、必ずコンドームを使うように。いいですね。ところで、おたくは恋人とかガールフレンドはいますか。

立川　今はいませんが、実家の母から見合いの話がきています。いい女性だったら結婚しようと思います。エイズだって結婚してもいいんでしょう。

山口　見合いだと、相手にこの病気を理解してもらえるかどうか、とても難しい問題になります。結婚後にわかって相手の女性を傷つけるより、今のうちに適当な理由をつけて上手に断ったほうがいいと思います。それから、親には病気のことを打ち明けておいたほうがいい。ひとりでこの病気を抱えていると精神的につらいし、なにかあったとき看病してくれるのは親ですから。

立川　僕には話す勇気がありません。きっとショックを受けます。先生がかわりに話してくれませんか。

山口　わかりました。じゃ次回にお父さんかお母さんを連れていらっしゃい。

立川　僕はもう結婚もできないのですか。

山口　恋愛だったら相手の女性が理解してくれるかもしれません。とにかく病気のことを秘密にしたままで、結婚するのはよくないと思います。

立川　会社には僕が感染していることを知らせるのですか。

山口　それは絶対にしません。保証します。

立川　もし会社から問い合わせがあった場合は、本当のことを伝えるのでしょう。

山口　われわれには守秘義務があります。安心しなさい。

立川　コンピュータソフトの開発ってすごく目と頭を使うんです。疲れるけどこの仕事が好きなんです。仕事を続けてもいいですか。

山口　ちゃんとできる間はやりなさい。やけをおこして会社を退職したりしてはいけません。やることがなくなると精神的な張りがなくなるのでかえって逆効果です。趣味を充実させることも勧めます。

立川　治す薬は本当にないんですか。

山口　それはないけど、エイズウイルスの増殖を抑える薬はあります。ただ、副作用があるから貧血があるかどうかをチェックしながら使います。

立川　根治薬はないんですね。

山口　嘘は言えないから残念だけど。抑えている間にできるとお互いにいいのだけど。

立川　家族にうつるようなことは。

山口　一緒に生活していても感染することはありません。エイズの感染経路は血液と性行為だけです。あなたの場合は独身だし、特定の女性もいないようだから、セックスの方はあまり問題にならないと思います。一応念のため、ひげそりと歯ブラシは自分専用にしてください。

立川　今までの生活スタイルを変えなきゃいけませんか。

山口　基本的には同じでいいんです。バランスのとれた食品を食べて、体力を維持してください。ただアルコールの飲み過ぎや不摂生には十分気をつけることです。軽い運動も是非続けてください。

立川　一番風呂にはいっても平気ですか。家族を巻き添えにしたくないので。

山口　入浴では絶対にうつりません。

立川　もし怪我をしたときは。

山口　小さい傷の場合は自分ひとりで処理しなさい。出血がひどい場合は、患部を圧迫して止血し病院に行きなさい。そのとき、HIVプラスだと言ってから診てもらってください。歯医者にかかるときも同様です。

エイズ告知の残酷

立川さんへの告知は約20分かかっています。しかし、現実はもっと時間がかかるケースが多いのです。マイナスのひとは「ああ、よかった」だから、3分で終わります。でもプラスのときは、エイズに話がいく前に相手は下を向いた状態になってしまいます。ですからこちらも相手の精神状態を観察しながら、相手の反応や性格を見て話を進めていかなければならないので、スムーズにはいきません。時間がかかります。30分以上はかかります。こちらがていねいに説明したつもりでも、理解してもらえないことが多いようです。気が動転しているから、無理もないと思います。告知は少なくて2回、ひとによっては30分ずつ5回くらいかかることもあります。私はメモを取るように頼んでいます。

ほとんどのひとは最初の告知のときより、2回目3回目のときの方が落ち込んでいます。最初に言われた内容が非常に重大だということだけはわかるんだけど、実感が湧いてこないんです。帰宅してから、本などを読んで「ああ、エイズは治る病気じゃないんだ」ということをやっと理解するのでしょう。

エイズを告知することは、医者にとってもつらいことです。でも、私たちはまだ恵まれているかもしれません。感染がわかれば、1度目か2度目で告知するわけです。相手もある程度覚悟をしていることが多い。告げる相手は大人だからまだいいんです。駒込病院では感染がわかれば原則として全員に告知しています。

しかし、未成年の場合だとそうはいきません。親に告知することになります。このケースはとくに血友病の患者に多いのです。主治医は患者を子供のときから5年10年と診ている。情も移ってきています。成人に達して、目には見えないけど、だんだん発病も近づいてきた。そろそろ本人にも告知しなければならない。話を切り出そうとしたときに、患者が「今度○○大学を受けます」と言って猛勉強していたり、「僕も医者になって苦しんでいる人を助けるつもりです」なんて張り切っていたとしたら「きみにはそれだけの時間がないんだ」なんて言えると思いますか。告げる方だってつらいのです。

私は医者になりたてのころはずっと内科を担当していました。そのときに癌の告知もずいぶんしました。手遅れで手術もできない状態の患者の場合は、本人には絶対に真実を話しませんでした。そのかわり家族のひとには知らせておく。転移がなくて手術をすれば成功するなと思えば、本人にも早期癌だと知らせます。癌はエイズの告知よりはるかに気をつかわなくてすみます。

いろいろ将来を考えたり、具体的な悩みがでてくるのは3回目の外来あたりからです。半年くらいたつと、「今日は温かいですね」とか世間話をするようになる。軽い冗談を交わすこともあります。

性格によっては、自分から体調のことを話してくれる患者もいますが、口の重い人もかなりいます。そんなときはこちらから誘導していきます。「最近身体がだるくなったことはありませんか」「仕事で疲れやすく感じたことは」などです。オリンピックが開催されているときは「いつもより寝るのが遅くなったんじゃないの」とか、なにか悪い情報があるかどうか探っていきます。

そのうちに患者は心の苦悩を専門家に相談したくなります。ゆっくり時間をとった話し合いが必要になってきます。これは肉体の医療というより精神的なバックアップですから、カウンセリングの領域に入ります。この場合はカウンセラーに依頼します。

エイズは感染のときだけ告知をすればすむ、というものではありません。外来で数年通っていると、検査データを追っていけば発病が接近しているのがわかってきます。発病が近いことを患者に知らせなければならなくなる。二度目の告知ショックを与えることになります。エイズ医の宿命とはいえ、本当につらい役目です。

すると「先生の言う通り、きちんと通院してきたのに、なぜ悪くなるんだ」と文句を言う患者がいます。そういうときには、このひとはエイズのことを理解していなかったんだ。私の言ったことが伝わっていなかったんだと私は素直に反省して、またエイズについて教えます。どんな病気なのか繰り返します。次のときは母親にも来てもらうように言います。

ほとんどの患者は「僕の病気はそんなに悪いんですか。だから親を呼ぶんでしょう」と言います。「いや、そうじゃなく、急に具合が悪くなったときに困るので、こっちもベッドの手配とか準備があるので、相談しておきたいんだ」となだめます。

母親がきたとき、本人に悟られないよう、それとなく合図を送り、後で電話をしてもらい「あと1カ月くらいで発病するから準備しておくように」と伝えます。親も衝撃を受けます。最初の告知を聞いたときにいったんは覚悟を決めます。ところが4年5年と年月がたち、本人は元気で働いているし、ちゃんと病院に行っているからと安心する気持ちが出てくる。もしかして、なんでもなかったんじゃないのか、このまま生きられるのじゃないか、そんな淡い期待を抱きます。ですから、もうすぐ発病しますと知らされると「病院に行っていたのに」と患者と同じセリフを言われます。

どんな症状が起きそうなのかをいくら説明しても、親が呑み込めないことがあります。私は同じことをなんどでも言います。わかってもらえるまで。本人も家族も発病を迎えて、初めてエイズの恐ろしさを実感するんです。

※

症例⑥【異性間感染】

この男性は45歳、アメリカ暮らしが10年以上、外国の生活が長かったひとです。90年から1年間、ニューヨークでボランティア活動をしていました。ただどんな内容のボランティアだったのか一切話してくれませんでした。この患者の場合、アメリカで血液検査を受けてHIV陽性であることは承知していました。ニューヨークの病院に通院し、AZTなどの薬を服用していました。ところが次第に体調が悪くなってきたので、里心がつき日本に帰る気になったようです。駒込病院には多くの外国人が外来にやってきますが、彼らは感染がわかると本国に帰ることが多い。ちょうどその逆の例です。

この患者の発病はカポジ肉腫がアメリカ時代の90年春に出ています。帰国は91年の春です。90年の秋から手足のしびれる感じが長く続くようになった。しかもそれがだんだん強くなってきた。91年5月の初めから咽頭痛を感じた。中旬には喉の痛みが悪化し、固形物を飲み込むと食道から胃にかけて灼熱感がある。吐き気やむかつきもでてきた。食欲が落ちて、なんとか流動食をとっていたが、5月下旬からまったく食事ができなくなってしまった。歩くとふらつきがひどい、ということで数日後に入院しています。駒込病院に入院したのは帰国して2カ月後の5月末です。

身体のだるさ、息切れ、下肢の筋肉痛などをしきりに訴えました。とくに手足のしびれ感が強かったようです。50メートルも歩けない。カポジ肉腫がこめかみと眉間にできていました。その他の主な症状としては、熱があること、全身の倦怠感、視力障害などがみられました。

——カポジ肉腫はどのくらいの大きさでしたか。

眉間のものは2センチくらいありました。やや紫色で少し出っ張っていましたね。

――ずいぶん目立ちますね。本人は気にしませんでしたか。通りすがりのひとに、あいつはエイズだぞ、と後ろ指を指されるようなことはなかったのですか。

顔に湿疹ができているひとは珍しくありません。素人には見分けがつかないでしょう。外国に長く暮らしていた人だから、そのあたりは気にしていなかった。見破られるようなことはなかったようです。

――入院後の様子はどんなでしたか。

売店でところてんを買って食べていたんですが、手に力が入らない。口に入るよりぽろぽろこぼす方が多いんです。「なさけないな」と悲しそうでした。

よくベッドに座り込んで、節々が痛いと足をさすっていました。湿布やマッサージをしてもしびれがとれないと嘆いていました。「うちでは風呂から出たあとよく揉みこむといくらかよくなったんだけど……」とぐちをこぼしていました。

6月半ば、看護婦が前日の下痢の回数をきくと答えられなくなっていました。記憶が薄らいできたのです。トイレに行こうとしてベッドを降りたとき、足に力が入らなくて床に座り込んでしまいました。このころから食欲が急速に衰えてきました。食べようとしても食事するだけで疲労困憊(こんぱい)する状態になった。喉の渇きをしきりに訴えるようになりました。

6月末のことですが「今日は何曜日ですか」と質問しても答えられなかった。「昨日は水曜日でしたよ」とヒントをやってもわからない。しかし、ある程度の会話はできた。「病院の食事はまずいね」と不満を口にする。看護婦が「あなたは料理ができるの」ときくと「うん。けっこういい腕なんだ。俺のつくった食事はうまいよ」と言う。ところがそのときには尿の出るのがわからなくなっていたのです。排泄神経をやられていた。失禁していたわけです。

食べられないので点滴に代えました。すると「このゴム管はなんだ」と不思議がって引っ張ったりする。危険な行動をするようになりました。痰の切れが悪くなり、次に左側の手足に麻痺が出てきました。

失禁するとおむつが冷たくなるから気持ちが悪い。そのせいでしょっちゅうナースコールをする。この患者は個室にいたのですが、ちょっとしたことでもブザーを押しました。そのたびに看護婦が飛んでいく。とにかく回数が多かった。看護婦に来てもらって処理がすむと「こんな患者の面倒をみるのは疲れるね」といたわりの言葉をかけるんです。ただ自分が動けないから、いろいろな用事を看護婦に言いつける。パンが食べたいから売店で買ってきてとか、買って戻ると今度はチョコレートが食べたいから買ってきてとか、注文が多い。普通なら一度にまとめて頼むものですが、この患者は思いつくたびに言う。思考をまとめる能力が落ちている。失禁だけで一日7〜8回、その他に雑用があるから、とにかく用事の回数が多くなるんです。

担当の看護婦とかなりうちとけた会話をしています。「俺もずいぶん遊んだからな。エイズになるかもしれないとは思っていたんだ」などと述懐する。「安い女なんか買わなきゃよかった。あれが失敗だった」なんて言う。看護婦が「どうしてコンドームを使わなかったの」ときくと「俺はあれが嫌いなんだ。一度も使ったことがない」と言ったそうです。ただそれ以上は「こんなことを話題にしていると虚しくなる。悔やむ気持ちが出てくる。もうやめよう」と話を打ち切ってしまいました。

——アメリカで麻薬をやったり輸血を受けていた可能性は。

ありません。このひとの感染経路は異性間感染です。

——この患者は記憶力も衰えているし、失禁するほど病状はひどいのに、そんな会話ができたのですか。

脳性の痴呆といっても病状が固定しているわけではなくて、わりあい明晰な瞬間と鈍化する瞬間が共存するのです。冴えていたかとおもうと次の瞬間にはぼけてしまう。また、ものごとを考える場所が駄目になる場合と、排泄を司る場所が駄目になる場合がある。普通のひとでも、たとえば膀胱中枢をやられれば、おしっこが出るのがわからなくなる。とにかくこの患者は、6月中旬まではこんな会話ができたんです。

エイズ痴呆も老人痴呆も根本的には同じなんです。たとえば5年6年前の過去ははっきり覚えている。だけど新しいことが記憶できない。つまり記銘力が減退するのです。昨日会ったひとの名前が覚えられない。

この患者の記憶はどんどん衰退していきました。6月末には、枕元にあるナースコールのブザーがどこにあるのかわからなくなった。痰のきれが悪くなり、老人がそうであるようにぼけのせいで昼と夜の生活が逆転した。看護婦は昼間起こしておくためにテレビをつけておく。でも画面に視線が向かない。全然関心がない。

看護婦と世間話をしているとき意外な事実が出てきました。このひとは一度自殺未遂をしているんです。自分がエイズに感染しているとわかったあとでね。

――アメリカでやったのですか。

いいえ、日本に帰ってきてからです。「ニューヨークでHIVプラスの告知をされたときは、死刑の判決を受けたような気がした」と内心を洩らしています。少しずつ体調が悪くなってくると夜に眠れなくなる。それで睡眠剤をもらっていたらしい。その呑み残しを貯めて、日本に持ち帰ったんです。

日本が恋しくなって生まれ育った田舎に戻ってはみたものの、期待したほど家族は自分の苦衷を理解してくれなかった。身内に温かく迎えてもらえなかった。家族との仲もうまくいかない。このひとは独身だから支えてくれる妻もいない。日本ではエイズに対する正しい知識が普及していないし、地方ではなおさら偏見が強いですからね。どうしようもなくなって、浜辺に行ってそこで薬を呑んだ。「だけど死ねなかったんだよな」と言っています。150錠呑んだそうです。どんな薬だったかは不明です。

——よくそんなことまで打ち明けましたね。

気の合う看護婦がいたんです。この看護婦にはいろいろしゃべっています。「この病気は少しよくなったようにみえても、絶対に治る病気じゃない。自分ひとりでは不安で生きていけない」などと。やっぱり寂しかったんだと思います。「自分ひとりじゃどうして生きていいかわからない。死を恐れる気持ちが強くなっている。ゆっくりとだけど確実に悪化しているのを自分でも感じる。このまま死ぬのを待っているのはつらい」。

この患者は逆に看護婦に厳しい質問しています。「もしあなたの家族にエイズ患者がいたらどうしますか。最終的には安楽死を考えますか」と。看護婦が「わたしたちは患者の命を助けるのが使命です。ですから安楽死は……」と答えると、このひとは「あなたの立場は理解できる。でも患者の立場はどうなるのか。医療というものは、患者の立場に立って治療にあたるのが当然でしょう」と強調しています。

「俺はニューヨークでボランティアを長くやって、いろいろな死を見てきた。俺は俺らしく生きたい。人間らしい状態で死を迎えたい」とつぶやいています。その10日後にこの患者は死亡しました。

――非常に知的な会話をしていますね。

これはこの患者がぼけていないときの会話です。もともと知識レベルが高いひとで、ボランティアを経験しているうちにさまざまな人生を目撃した。そんなことが背景にあるのでしょう。

7月の初めから、いびきをかいてぐうぐう寝ちゃっているような状態で、痰の切れが急速に悪くなった。ねばねばした血痰がからむのです。これは自力で排出できない。機械で吸引するしかないのですが、吸引というのはかなり苦しいものなんです。「俺は死にたいんだ。苦しいから吸引なんてやめてくれ」と叫んでいます。

数日後、天井とか壁を指して「あそこにひとがいるのに、なにも助けてくれない」そんなことをうわごとのように言っていました。亡くなる3日前は、口を動かすんだけどなにを言っているのか聞き取れない。舌の後ろが喉の奥に引っ込む状態〈舌根沈下〉が起きました。間もなく完全に意識がなくなって、2日後に死亡しました。

――亡くなるときに苦しみましたか。

いいえ、それはなかった。

——死因はなんですか。

全身性のカポジ肉腫。それに脳内の悪性リンパ腫と脳のトキソプラズマ症。1年もの間、異常な手足のしびれが続いていたのは脳の病変が原因なんです。解剖してみると、カポジ肉腫は顔面、首、腹部、口の中、肝臓、消化管にもできていました。

——あのままアメリカにいればよかったなど、日本に帰ってきたことを後悔するようなことを言いましたか。

アメリカではエイズはありふれた病気になっていますから、日本よりアメリカの方がボランティア活動が盛んだし、ネットワークもしっかりしている。このひとも内心ではニューヨークに戻りたいと思ったかもしれません。でもそうする体力が残っていない。それであきらめてしまったのかもしれません。

第5章
激増する異性間感染

バンコクのタイ赤十字社を視察したときのことです。ここにはエイズ特別対策本部があって、私が行ったとき、ちょうどエイズ感染者のカウンセリングが行われていました。カウンセリングを受けていたのは北部のチェンマイから来た6人の売春婦でした。年齢は15から16歳ということでしたが、小柄なせいか13歳くらいにしかみえないのです。こんな子供をセックスの相手に選ぶなんて、どんな料簡の男だろうと思いました。タイのエイズ専門家の話では、売春婦が幼ければ幼いほど、客は「まさかこんな子供がエイズにかかっているはずはない」と過信するそうです。だからコンドームをつけない。

彼女たちは1日に6人くらいの客をとるそうです。まさかとは思いましたが、もっとも幼い外見の少女に「その中に日本人の客はいますか」と質問したところ「半分が日本人です。日本人はとてもいいお客さんです」と驚くべき答えが返ってきました。しかも日本人客の過半数がコンドームをつけないというのです。タイの売春婦は避妊ピルを連続服用させられ、生理中でも客をとらされると聞いています。とするとこの少女売春婦は1年に1000人近い日本人男性とセックスすることになります。もし半分がコンドームをつけないとすれば、500人の日本人男性が感染機会をもつことになります。セックスによる感染率1％を当てはめれば、ひとりの売春婦から5人の日本人男性がエイズに感染することになります。

しかし問題はそう単純な計算ではすみません。タイの売春宿にはSTDが蔓延しています。20人の売春婦がいれば30の性病(過去の罹患を含む)がある、というほどの状況になっています。一度もSTDにかかったことがない女性は10％以下というデータがあります。これは東北部の一地方を調査対象にしたものですが、それにしても売春婦の性病罹患率が異常に高いことは全国的な現象なのです。

こんな実例があります。91年4月、バンコクのトンブリ地区の冷気茶室(安直な売春宿)が警察に摘発されました。年齢が13～19歳の少女売春婦18人が救出されました。血液検査をしたところ、全員がエイズと梅毒に感染していたのです。

梅毒は、エイズの感染力を数倍高めるとされています。医学的に証明されたわけではありませんが、これは定説になっています。

横道にそれてしまいましたが、私が言いたいことは、ひとりのチェンマイの売春婦から感染する日本人男性は5人ではきかないだろうということです。この男性たちが日本に帰ってくる。発病までにはかなりの年月が経過します。その間、全然セックスしないわけがないのです。彼らは自覚がないまま、日本の女性にエイズウイルスを撒き散らす。女性との性的接触でエイズに感染した男はやがて別の女性を感染させることになるんです。異性間感染の怖さはここにあります。

タイでは89年の感染者の23％が異性間性的接触によるものでした。それが90年はいきなり2倍以上も跳ね上がって56％に急伸しました。累計ではまだヘロイン常習者が51％でトップ、異性間感染は39％ですが、これからは異性間感染の割合がどんどん増えていくはずです。タイ政府は頭をかかえています。エイズ最前線で戦っている関係者の中には「もはやタイのエイズは手遅れかもしれない」と悲痛な発言をする医学部教授もいます。なぜなら感染者の多くは既婚者の男性とみられ、家族を二次感染させる危惧があるからです。なんとか感染を抑えようと、タイの小学校では4年生からエイズ教育を始めました。

日本でも90年に異性間感染が第1位に踊り出ました。確認された感染者数でいえば、まだまだタイよりは少ない状態です。日本の異性間感染は合計してもまだ300人以下です。しかし、これは実情を反映している数字ではありません。氷山の一角にすぎないことはだれでも知っています。

日本でいったいどれだけのひとがＨＩＶ（エイズウイルス）検査を受けたのか、それに関するデータはありません。ほんの一握りであることは確かです。ちなみにタイでは91年の前半までに282万人が検査を受けています。

毎年1100万人以上の日本人が海外旅行に出掛けています。日本に入ってくる外国人も数百万人に達しています。

たとえば糖尿病の尿検査試験紙のように、おしっこをかけるだけで簡単に結果が判定できる検査法が開発されたとしても、エイズウイルスを水際でくいとめることができるかどうか。日本に入国するひとをひとまず検疫所で足止めし、日本人外国人を問わず全員にＨＩＶ検査を実施できる法律を制定したらどうなるでしょう。日本人に感染者が発見されたとき、その後の取り扱いをどうすればいいかという新たな問題が出てきます。日本は受入れ体制が整っていないうえに、エイズに対する理解はまだまだの段階です。日本人はエイズ犠牲者に対する思いやりも同情も欠いています。へたをすれば魔女狩りに終わってしまうでしょう。またエイズ感染者であることを理由に、外国人の入国を拒否することは、民主主義を標榜する先進国には許されないことなのです。

※

症例⑦【異性間感染】

この女性はOLで23歳、このひとは88年秋、20歳のときアメリカに1カ月間観光旅行に行っています。そこで知り合ったひとりの男性と2回セックスをしています。この女性はそれまでにほとんど性体験がなかったようなことを言っています。とにかくコンドームはしていなかった。最初に外来にきたのは90年の初夏でした。その3週間ほど前、女性の友人に「エイズの検査を受けたいんだけど、ひとりじゃ怖いから一緒につきあってよ」と誘われて、気楽な感じで保健所に行ったようです。保健所でスクリーニングを受けたら、陽性の疑いが強いと言われ、紹介されて来ています。確認検査の結果、陽性であることが確定しました。

この女性の体格は、身長はやや小柄で体重は51キロ、ぽっちゃりした身体つきです。このときのT４リンパ球は７８８個、一応健康レベルでした。その後9カ月間は通院がなく、2回目が91年春でした。このときのT４リンパ球は３３８個、軽度の免疫不全です。そろそろ様子をみながら投薬を開始する時期でした。ところがそのまま、消息がわからない。

――相手はアメリカ人だったのですか。

そうです。アメリカ人の白人です。この女性に輸血歴はありません。まちがいなく異性間感染です。

——恋愛だったのでしょうか。

そうでもないらしい。あくまで推測ですが、男に慣れていないことが逆に作用したのではないかと思います。女ずれした男につけこまれたのかもしれません。それに外国ですから警戒心も緩んでいた。本人はフィーリングがあったというか、意気投合したというか、そんなことを言っていました。背が高くてかっこいい白人男性に迫られてぽーっとなったのかもしれませんね。

——1年足らずでT4リンパ球が半減するなんて、進み方が速いんじゃないですか。

そうですね、少し速いです。

——まだ23歳だから若いし抵抗力があると思うのですが、それとも進行速度には男女差があるということですか。

若いからといって進行が遅いわけではありません。それから男も女も同じです。

——338個といえば、もうAZTを服用させてもいいのでは。

AZTは一生呑み続けなければいけない薬です。若いひとはあんまり早く使うと副作用もあるから、どこから開始するかそのタイミングの判断が難しい。ましてこのひとは女性だし、貧血という副作用は影響が大きい。注意しながら服用させなくてはいけない。

――会社には通勤していましたか。

去年の時点までは勤めていました。今はわかりません。

――親にはエイズのことを告知したようですか。

話していないようです。

――費用は健康保険ですか。

自費で払っていました。

――日本に帰国してから感染がわかるまで1年半ありますが、その間に性行為をもったようなことはありましたか。

それがわからないのです。そこまで踏み込んだ質問をする段階ではなかったのです。本人に連絡をとりたくても、カルテの住所などに虚偽があったようで、今からではもうどうにもなりません。男性とのセックスがなかったことを祈るばかりです。

――若い独身女性が感染者になった場合、結婚という問題がでてくると思いますが、どう対処するのですか。

結婚してはいけないとは言えません。ただし、夫になる男性にはエイズのことを知らせておくべきだとアドバイスします。ただ、それを言ったら捨てられるという恐怖がある。もしあなたが言えないのなら、病院が代わりに指導しますと説得しても、連れてくるひとはなかなかいません。

結婚する場合は、できれば子供をつくらないように忠告します。常時コンドームを使うように言うのです。今は素人でもかなりの医学知識を知っています。ＣＤＣ(アメリカ疾病管理センター)が出した「母親が感染者の場合、赤ん坊が感染する確率は30％」などという情報をどこからか仕入れてきます。逆からみれば70％は感染していない子供が生まれる可能性がある。女性が「その70％にかけます」と決心したら、それは当然の権利ですから、だれにもとめることはできません。

——出産すると病気の進行が早まるということはありますか。

個人差が大きいと思いますが、お産は体力を使うから、全然影響がないとは言い切れません。ただし、微生物の力が強いと流産するケースもあるんです。産んではみたものの、障害があったりで、数カ月で死ぬこともあります。その比率は普通の出産よりも高いのです。

——無事なこともあるでしょう。

もちろんあります。ただ、子供が成人する姿を見ることは難しいと思います。

※

症例⑧【異性間感染】

このひとは48歳の男性です。身長は１７０センチ、体重は75キロ、堂々たる体格です。最初に駒込病院に来院したのは91年の夏でした。89年からの3年間は日本人女性とセックスすることなく、タイ人女性約10人とだけ性的な関係を持っています。1年ほど前からひとりのタイ人女性と同居しています。奇妙なことですが、このひとは一度もタイに行ったことがないそうです。

91年春、同居していた女性が料理中にあやまって包丁で指を切ってしまいました。かなりの出血があったので、このひとは女性の傷口に口を当て血をすすり、それから絆創膏を貼ったと言っています。医者の治療が必要なほどの怪我ではなかったようです。そのことが不安だったのか、このひとは別の医療機関で血液検査を受けています。その医師に「詳しい検査は駒込病院でしてもらいなさい」と紹介状を渡されました。

慎重に検査しましたが、やはり陽性でした。同居中の女性も血液検査を受けるべきなので、病院に連れてくるように説得するのですが「いいですよ。それは必要ありません」の一点張りなんです。

91年秋からAZTを服用しています。今年に入って、咳がでるとか身体がだるいとか、しきりに訴えるようになりました。しかし、体重はまだ減っていません。発疹もないし、もちろんカポジ肉腫もない。下痢もないようですし、リンパ腺も腫れていません。念のために胸部のX線写真を撮って綿密に検討しましたが、カリニ肺炎の兆候はありません。痰をとってカリニ原虫を調べましたが発見できませんでした。その他エイズに関する病気を警戒して、さまざまな検査をしましたが、とくに異常はありませんでした。

このひとはエイズ感染者には珍しいタイプで、はきはきした受け答えをします。物腰から判断して、かなりのインテリだと思います。エイズに感染したというのに、気が強いせいでしょうか、私に対しても明朗に振る舞い、落ちこんだ気配をみせないのです。

客観的に判断して、感染の原因は血液を舐めたことよりやはり異性間感染の方が確率が高い。それで、それとなくここ3年間の性的行動の内容を確認しようとしたのですが、この男性はにやりと笑って「先生、そんなことはもうどうでもいいことでしょう」とはぐらかすのです。本当は感染経路をつきとめるには不可欠な情報なのですが、これ以上は相手のプライバシーに属することですから、話を中止するしかありません。

最初の外来のときのT4リンパ球の数は227でした。92年初めの時点では357でした。5割ほど数が増えています。

——エイズが治っているんですか。

いいえ、エイズは治る病気ではないのです。いくらか持ち直したという意味です。多くの症例で、発病する前にAZTを投与しておくと、T4リンパ球の数が増えることがわかっています。発病を先に延ばしているわけです。AZTの延命効果です。

――ＨＩＶ感染を告知したとき、この男性はどんな反応を示しましたか。

ある程度覚悟はしていたようです。「やっぱりそうでしたか。これでだめをおされましたね」と言ってました。取り乱した様子もなく、平静を保っていました。

――このひとは同居しているタイ女性に、自分がエイズに感染していることをうちあけているのですか。

その女性にきちんと話しなさいと指導しましたが、にやにやしているだけで、答えを濁しています。どうやら告白はしていないようです。

――逆にその同居人の女性の方が感染源だという可能性もあるんじゃないですか。

それも十分考えられます。

――その女性は若いのでしょうか。職業はなんですか。

20代だと言っています。話の内容から推測するに、どうやら水商売で働いている女性らしいです。あくまで私個人の判断ですが。

――血を舐めたこととセックスとどちらが本当の原因なのですか。

このひとは10人もの女性とセックスしています。血を舐める行為で絶対に感染しないとは断言できませんが、これだけ自由なセックスを繰り返しているところからみて、やはりセックスが原因だったと考えるのが自然でしょう。

――コンドームは使っていたのですか。

「その10人の女性とセックスしたとき、コンドームはつけていましたか」と質問しました。一度も使っていなかったそうです。

――女出入りが激しいようですが、この男性は女性にもてそうなタイプなのですか。

そうですね、社交的だし、話題も豊富です。やや派手な服装を上手に着こなしていますよ。実際の年令よりずっと若くみえます。体型も中年にしては引き締まっていて、颯爽としています。今までも女性にかなりもててきたようです。

――どんな職業ですか。

社会的地位もあり、収入も安定した自由業のようです。

――このひとは感染後もセックスしていますか。

不特定多数の女性とセックスするのはやめなさいと忠告してあります。今は同居している女性とだけセックスしているようです。コンドームはつけているはずです。

――このひとはエイズに対する知識や情報をきちんと持っていたのでしょうか。

たとえば、タイ国内でエイズが問題になっていることは知っていたようです。しかし、自分は関係ないからと、エイズを軽視していたようです。

――自分の軽はずみを反省するような気配はありましたか。

このひとは割り切っているというか、他人に弱みをみせるのがいやなのか、後悔を口にするようなことは一切ありません。咳をしながら「先生、もしかしてこれはカリニ肺炎ですね」などと不思議なほど冷静なんです。「次回にまたいろいろな検査をした方がいいんじゃないですか」と自分から積極的に働きかけてくるのです。あの咳はエイズではなく、なにか別の原因があると思っています。

――どのくらいの間隔で来ていますか。

月に１回から２回です。

――全然弱音をはかないようですね。

薬（ＡＺＴ）が呑みにくいとぐちをこぼすくらいです。呑んだ後、胃が重苦しくなるとかむかむかするとか言っています。それで吐き気どめの薬と消化酵素薬を一緒に服用させています。

――エイズの深刻さ、つまり不治の病であることを考えないようにしているだけじゃないですか。

それはいえるかもしれない。でも、身体が元気なうちは人間だれしも、自分の死に対して実感が湧かないのではないでしょうか。

救世主はコンドーム

駒込病院の電話相談の傾向をみていますと、90年あたりから異性間感染に関する質問が目立つようになりました。病院の外来も異性間感染を心配してくるひとがじわじわ増えています。しかし出血しやすいハイリスクな行為による発症者が増える傾向にあります。

なぜ異性間感染が深刻なのか、理由ははっきりしています。女性も男性も異性に心をひかれます。相手と親密な関係になりたいと願います。そこには必ずセックスがからんできます。ここで困ることは、人間の心理として自然なことなのですが、いくら相手が好きになっても、自分の性的な遍歴を正直に告白するひとは皆無だろうということです。自分が過去にどんな異性を相手にどんなセックスをしてきたか、言えと要求する方がむりでしょう。人間は相手の秘密も同時に愛するのかもしれません。ひとには知られたくないこともあります。

しかし、これがエイズとなれば、話は別です。いくら自分が細心の注意を払ってエイズウイルスから身を守ってきても、相手が過去に危ない行為をしていれば、せっかくの精進も水の泡になってしまいます。エイズへの道づれにされてしまうかもしれません。

本人が接触機会を忘れている場合もあるでしょう。たとえばソープランドで遊んだことは記憶しているとしても、ピンクサロンやファッションマッサージで性的なサービスを受けたことは忘れているかもしれないのです。

エイズウイルスの感染を防止する最善の方法はだれともセックスしないことです。次善の策は危険なひととセックスしないことです。しかし、問題はその危険なひとを識別できないことなのです。

未成年プラス20〜29歳の若者感染者の合計は225人、全体の53%を占めています。若者は性的活動がもっとも旺盛な時期ですから、必然的にエイズの直撃にさらされることになります。若者は結婚し、家庭を持ち、次の世代を産み育てます。エイズはそのサイクルを根底から破壊するのです。（7ページの表Ⅱ参照）

※

症例⑨【異性間感染】

この女性は30歳、5年前に血友病の夫と離婚しています。離婚理由は不明です。子供は夫が引き取っています。再びめぐってきた独身生活を楽しんでいたところ、ヘルペスにかかってしまいました。なかなか治らないうえに痛みが激しいので、それで駒込病院に来ました。問診したところ、別れた夫が血友病だったというので、血液検査を勧めたんです。そうしたら、結果はプラスだった。

感染源を確認する意味で、前夫に連絡して、検査を受けるよう依頼したのです。しかし、いまさら顔も見たくないし、全然行き来がないということで協力する意志がないのです。たとえば私が直接電話をかけて前夫に言えれば簡単なのですが、これではプライバシーの侵害になる。医師としての領域を逸脱してしまうんです。

ところが、詳しい話をしているうち、別の男性が出てきました。離婚直後につきあった男性がひとりいるというのです。ではそのひとを連れていらっしゃいと言うと、もう交際していないから駄目だというのです。

その男性とは夫婦がもめているときに知り合って、離婚直後に4回か5回セックスしたというんです。この女性は「あたしたちは同棲していたわけではないんですよ。5回くらいのセックスでエイズがうつるんですか」と不思議そうに言いました。エイズのことがわかっていないんです。

——結局、どちらからうつったんですか。

どちらとも言えない。前夫が血友病ということは当然血液製剤を使っていたろうし、といって後の男性がシロかといえばそうとも断定できない。仮に前夫が感染源だったとすれば、後の男性も二次感染しているかもしれない。

——ヘルペスって具体的にどこがどうなっていたのですか。

このひとのヘルペスというのは帯状疱疹です。水痘がありますね、あれと同じウイルスでおこる病気です。性器にできる単純ヘルペスとはちがい、非常な痛みをともないます。

——どんな病気ですか。

最初熱が出て、翌日くらいに発赤が出て、半日たったころから水をもって〈水疱〉くるんです。時間がたつと膿を持った状態〈膿疱〉になり、それがかさぶた〈痂皮(かひ)〉になる。

この女性の場合、肋骨に沿ってヘルペスができていて、水痘のウイルスで神経を冒されるわけです。そうとうに痛がっていました。痛むときは夜も眠れなくなります。この女性はほんの数回来院しただけで最近はきていません。したがってこれ以上の消息はつかめないのです。

——外来者の行方不明はときどきあるのですか。

ここにくるのは東京や近郊の住人とはかぎりません。地方のひとも多いのです。通いきれずに地元の病院に転院することもある。その場合はカルテには転院と記入されます。

——もし、この女性が具合が悪くなったとして、近くの病院に行ったら自分がエイズにかかっていることを言うでしょうか。

その病気がエイズに無関係だと思えば、多分言わないと思います。もし言うとすれば、その病院から今までの経過を教えてくださいと連絡がくると思います。

保健所では匿名で血液検査を受けられますよね。そのせいか駒込病院でも本名を書かないひとがいます。だけど医療機関はいろいろアフターフォローすることがあるから匿名では困るんです。長い間来ない患者には連絡をします。もちろん他人に秘密がばれるようなことはしません。ところが、電話番号がでたらめで、連絡がつかない。こういうひとは自費でかかっているケースに多いようです。

駒込病院では過去に200人弱の患者・感染者を診察していますが、そのうち15〜16人はどこに行ったか行方がつかめない。それが実情です。どこかの医療機関にかかっていればいいんですが。

※

症例⑩【異性間感染】

この患者は62歳の男性で中小企業の社長でした。海外への渡航歴は、75年にハワイ、80年にハワイとマニラに出張しています。どちらも社用でしたがプライベートな時間に現地のプロの女性と遊んでいます。88年に台湾とシンガポール、89年にはアメリカに行っていますが、このときは奥さんが同行したので婚外セックスをする機会がなかったということです。

この患者は日本国内では買春はしていないと言いました。このあたりは本人の言葉を信じるしかない。この人は同性愛ではないので異性間感染と断定してよいでしょう。感染時期は75年か80年、相手はハワイかマニラの売春婦と推定されます。前者だとすると感染から14年、ちょっと長すぎます。後者だと9年です。かなり潜伏期間が長い症例です。

当時はエイズはまだ騒がれていなかったので、この患者は自分がエイズに感染しているとは想像していなかったようです。異常が起きたのは89年でした。頭痛とともに38度の熱が出て背中が痛んだために、大学病院に入院しています。肝臓を検査してみたところ肝機能が落ちていることがわかった。そのうち意識障害も出現した。主治医は肝臓性の昏睡を疑いました。それでいろいろ検査を進めているうち肺炎が見つかった。治療のためペニシリンなど通常の肺炎には卓効がある薬を投与したのですが、病状は一向に改善されない。そればかりか肋膜に水がたまってきた。脳脊髄膜の炎症〈髄膜炎〉もある。これは普通じゃないぞ、ということになった。

血液を検査してみるとリンパ球が減っている。明らかに免疫機能が低下している。もしかしてエイズではないのか。エイズの検査をしておくべきだろうということになって調べてみたら、ＨＩＶ抗体が陽性だった。家族と本人にそれまでの経過を詳しくきいたところ、入院する前の4カ月間に体重が20キロ減っていたことがわかった。これはエイズに間違いないと結論が出たのです。

――エイズで太るということはないのですか、一時的にせよ。

糖尿病などでは一時太って、それからだんだん瘦せてくることはありますが、エイズで太ることはありませんね。ただ胸水や腹水がたまって体重が増えることはあります。しかしこういうのは太ったとはいいません。

――エイズと決まってその後どうなりましたか。

その大学病院から駒込病院に、エイズ患者なので駒込病院にお願いしたいと依頼があり、こちらに転院してきました。それが89年秋のことです。口腔内を見ると舌にカンジダ症があり、食道を調べるとやはりカンジダで粘膜が白くなっていました。また頸部のリンパ腺に直径8ミリくらいのしこりがみつかりました。触れると痛がっていました。

――駒込病院に来たころは意識がはっきりしていたのですか。

ええ、しっかりしていました。しばらくして肺炎はよくなったので退院し、それからは外来で経過を見ました。

頸部のリンパ腺の腫れがどうもおかしいのです。よく診たら化膿していたんです。エイズによるリンパ腺の腫脹(しゅちょう)ではなく化膿性のリンパ腺炎。摘出して組織検査したところ結核でした。そこで結核の薬を使いました。すると今度は脚の筋肉が衰えてきました。91年に入って下肢の筋力がかなり低下しました。

　私も家族も入院するように言ったのですが、本人は「病院はいやだ。家に帰る」と拒絶するのです。この患者は頑固なワンマン社長で会社で威張っていたので、家にいると手がかかるのです。奥さんも熱心に入院を勧めたのですがなかなか首を縦に振りませんでした。しかたなく外来で食道カンジダ症と結核の治療をしています。

　結局、91年春に再入院しています。そのときはまだなんとか歩ける状態でした。ただ歩くと痰が出て息苦しいと訴えました。頭痛もする。どんどん痩せてきた。65キロあった体重は58キロに減っていました。

——身長はどのくらいあったのですか。

　176センチで年齢のわりには大柄です。入院して二日後のことです。看護婦がこの患者がトイレで座り込んでいるのを見つけたんです。この病棟のトイレは和式なので足に力を入れないと立ち上がれない。助け起こしてベッドに寝かせました。しかしどうも様子がへんなのです。意識はあるが顔色が悪く、冷汗がひどい。

　この患者は動いてはいけませんと言われて、しばらくは安静にしていたのですが、隙をみてまたトイレに行ったんです。今度はトイレの便器に頭を突っ込むようなかたちで倒れていたのです。このままではまずいので患者を個室に移しました。ところが、本人はなぜ部屋が変えられたのか理解できなかったのです。

——何が起きたのか覚えていないのですか。

そうです。一過性の脳貧血で虚血状態になったのです。どうやら軽い脳梗塞をおこしたようです。CTによる検査と髄液を調べましたが、かわった所見はありませんでした。その後退院し、車椅子で外来に来ていました。そのうちT４リンパ球がゼロになった。

——どういうことですか。

免疫機能の親玉であるT４リンパ球がひとつもなくなったのです。身体の防衛機能が無防備な状況です。こうなるとどんなことでも起こりうる。危ないなと思っていました。

91年秋、救急車で3回目の入院しています。名前を呼ばれても返事がなくなり、意識がない。熱は39度8分、発汗がひどい。呼吸が苦しくぜいぜいと喉の雑音が強い。呼びかけても応答がない。そんな状態がずっと続き、入院後4週間で死亡しました。

——直接の死因はなんですか。

病名としてはエイズです。それと脳梗塞。この患者にはエイズ痴呆の兆候があったのですが、解剖できなかったので詳しい原因はつきとめられませんでした。

——アメリカでエイズ患者が発見されたのが81年でしたね。この患者はそれよりも前の性的接触なのに、エイズにかかることなんてあるのですか。

81年6月、アメリカのロサンゼルスで同性愛の男性にカリニ肺炎患者が出たというのが最初の公式報告です。しかし、それ以前にエイズがなかったというわけではなく、60年代から70年代にかけてアメリカやヨーロッパでエイズらしい患者の報告があります。WHO（世界保健機関）が60年代にアフリカで集め冷凍保存しておいた血液をその後に調べたら、エイズウイルスが発見されました。アフリカでは70年代に爆発的なエイズの流行がありました。当時はエイズの正体がわかっていなかっただけで、少なくとも十数年前からエイズ患者が存在していたことは確かです。

確認されていなかったからといって、エイズウイルスが存在しなかったわけではありません。81年以前のセックスだからといって安心できない場合があるのです。

第6章 若い女性が危ない

第4章で書いたように、駒込病院に診察を受けにくる女性というのは、魔がさしてちょっとした浮気をしてしまった主婦とか、夫や恋人が海外で買春したので心配してくる女性などが多いのです。自分が海外でさんざん遊んできたとか、不特定多数とフリーセックスをしたとか、エイズ専門医から見て、いわゆるハイリスクグループに属する女性はほとんど来ません。感染機会が多い女性にかぎって検査にはこようとしないのです。

若い女性たちがどのような性的行動をとり、エイズをどこまで理解しているのか非常に気になっていました。今回、ある偶然から若い女性ふたりと話す機会を持ちました。彼女たちの生の声を聞き、ずいぶん勉強になりました。

*

その女性たちは麻衣子さん(21歳)と理絵子(22歳)さんです。ふたりとも本業はＯＬですが、ときどき、コンパニオンのアルバイトをしています。そのせいか、やや派手な雰囲気を漂わせていました。ふたりはプライベートでも仲がよいということで、時間があれば連れだって六本木、赤坂や芝浦のウォーターフロントなどに出掛けることが多いらしく、若い男女の生態に精通しているようでした。

山口　エイズがどんな病気か知っていますか。

理絵子　性行為とかそういうので感染して、命が危なくなる病気です。

麻衣子　エッチすると感染してほとんどのひとが死ぬ病気です。

山口　エイズは若い女の子同士で話題になりますか。

理絵子　出ますけど、軽いノリなんです。いまかかってもあと1〜2年で特効薬ができるから大丈夫とか言ってます。実感がないんです。

麻衣子　怖い、怖いと言ってるけど、恐ろしさはわかんない。

山口　おふたりはセックスをしていますか。

理絵子　ええ、でもいざとなるとエイズのことはなんにも考えていないみたい。

山口　エイズを防止する方法を知っていますか。

理絵子　コンドームのことでしょう。それは知ってますけど、わたしたち受け身だから、男の子にそんなこと言えないんです。

麻衣子　いまの子はコンドームなんてしません。まわりの女の子も。本当は怖いんだけど相手まかせです。

山口　この男性はきっとエイズなんか持っていないと、相手を信用するのですか。

理絵子　ボーイフレンドが外国に遊びにいくときは、ほかの女とエッチしないでねとか、へんな病気はもらわないでとか、冗談ぽく話すことはあります。でも、そんなにまじなわけじゃないから。

山口　エイズにかかったひとの噂を聞いたことはありますか。

理絵子　あたしたち一応いろいろな遊び場は知ってますけど、絶対に遊び人じゃありません。そこのところ誤解しないでください。エイズといえば、とっかえひっかえ女の子をナンパして、その場かぎりでエッチしている男の子がいっぱいいるんですけど、そのひとりがエイズだって噂が流れたんです。そしたらその子があせって病院で検査を受けたんです。結局無事で証明書をもらってきたんですけど、その子は証明書を女の子に見せて「俺エイズなし。安心だぜ」ってナンパに使っていたという笑い話があるんです。

山口 証明書があれば安全だと思いますか。

理絵子 あたしは信じません。だってアジアの国で女の子を売っているところがあるでしょう。そんなお店の女の子が証明書を持っているとか聞くから。

山口 もしあなたが見せられたら、日付を見ますか。

理絵子 実際に見たことないから、わかりません。

麻衣子 いくらマイナスでも検査日がうんと前だったら、その後でエイズにかかっている可能性があるでしょう。だから信用しません。

山口 エイズは感染しても、その後6〜8週間は検査にひっかからないのです。だから証明書といっても、検査日の6〜8週間前までは大丈夫ということにしかなりません。だから過去の証明にしかならない。それは知識として知っておくべきですよ。

もしかして、自分がエイズにかかっているかもしれない、と思ったことはありますか。

麻衣子 あります。

山口 なぜですか。危険な男性とセックスしたのですか。

麻衣子　他の心配があったので、ついでにエイズの検査を受けたんです。たしか、去年の夏でした。だってどんなに真面目そうな男だって、その前の彼女がやばそうな男とエッチしていたら、あぶないでしょう。本当はわたし、心配性なんです。

山口　結果はどうでした。

麻衣子　かかっていない自信があるから聞きにいってません。それに申込書には電話番号を書いてきたから、なにかあったら連絡してくれるはずです。電話がかかってこないからマイナスだったと信じています。

山口　エイズの場合、検査の結果は本人に直接伝えることになっています。電話しても絶対に教えてくれません。

理絵子　あたしは検査したことありません。

山口　麻衣子さんの他の心配ってなんだったのですか。

麻衣子　妊娠したかどうか不安だったんです。

山口　麻衣子さんはエイズより妊娠の方が怖いのですね。あなたがたのまわりで他に血液検査を受けたひとはいますか。

理絵子　友達の女の子にひとりいます。21歳だけどずいぶん男性経験があったみたいで、エイズにかぎらず、性病の検査も毎月やっていると言ってました。

山口　どんなときにエイズの不安を感じますか。

理絵子　ディスコのトイレなんかで、もしかしてと不安になることがあります。みかけはぴかぴかなんだけど不潔っぽい感じがするから。

山口　同じ便座を使ってもエイズウイルスは感染しません。ところでエイズに感染すると、どのくらいで発病すると思いますか。

麻衣子　半年くらい。

理絵子　あたしは5年くらいだと思う。

山口　7〜8年です。ところで、エイズの薬が2種ほどありますが、知っていますか。

麻衣子　それは知りません。みんなの噂では、本当はエイズを治す薬がもう完成していると聞いたんですが、そうなんですか。

山口　その噂はデマです。ところで今の若い女の子はどんな遊び方をしていますか。

理絵子　あたしたちがよく行く芝浦のディスコは外人が多いんです。ニューヨークっぽいノリで、そのへんの階段とかで男と女がエッチしてます。トイレでもやってます。それが当たり前の世界です。

理絵子　一晩で2〜3人の男とセックスする女の子もいますよ。

山口　彼らはコンドームはしていますか。

理絵子　まさか、するわけありません。

麻衣子　ノーマルな男の子は安全だけど、バイセクシュアルの男の子はエイズを持っているから危険だと聞いたことがあります。

理絵子　トランクスをはいているのが普通の男で、派手なブリーフはバイセクシュアルが多いとか聞いたことがあります。本当のホモならなんとなくわかるんですけど……。

※

症例⑪【異性間感染】

この女性は28歳、小柄で体重は44キロ、スリムな体型です。高校の同級生と3年つきあった後、婚約しました。ある日突然、婚約者が入院しているときいて、飛んでいきました。彼の病気はエイズの代表的な日和見（ひよりみ）感染症であるカリニ肺炎だったのです。彼は血液製剤も使ったことがないし、輸血も受けたことがない。どうみても異性間感染でした。

ふたりは婚約していますから、当然セックスは頻繁に行っていました。自分もエイズに感染しているのではないか、この女性はひどいショックを受けたそうです。いきなり婚約者がエイズにかかっていると告げられたら、だれだってパニックになる。あわてて血液検査を受けました。どうやら担当医ははっきりしたことを答えなかったようです。紹介状には「この女性の婚約者がカリニ肺炎になっています。そちらで検査をお願いします」と書いてある。どうも腑に落ちない。ＨＩＶ（エイズウイルス）の検査ならその病院でできるはずなんだ。げんに男性の血液は調べているんだから。

おそらくその病院はこの女性が感染していることを知っていたでしょう。しかし手が回らないので、駒込病院を紹介したのだと思います。検査の結果はやはりプラスでした。結果を知らせたとき、取り乱すような様子はありませんでした。もしかして自分も感染しているのではと予期していたようです。それが88年の秋でした。

あとからわかったことですが、女性の婚約者はB型肝炎が悪化して入院したのです。治療に全力を尽くしたのに、病状が好転しない。そのうち普通とはちがう肺炎が出てきた。カリニ肺炎らしい。これはおかしいということになって血液検査をしてみた。大変だ、エイズだということになって、彼女に連絡が行ったのです。枕元に駆けつけたときは婚約者は人工呼吸器をつけていたそうです。明らかに重体です。

――それでその男性はどうなりました。

人工呼吸器をつけていたというから、おそらく亡くなったと思います。

――女性はB型肝炎にも感染していましたか。

感染していました。しかし、この女性は無症状でした。肝炎ウイルスのキャリアには症状の出るひとと出ないひとがいます。出ないひとがかなりいます。

――この女性は婚約者からエイズウイルスとB型肝炎ウイルスの両方をうつされたことになりますね。

　ところが、厳密にはどちらがうつしたかは特定できないんです。エイズに関してはどうやら男性の方が過去に多くの女性遍歴があったところから判断して、男性の方が感染源らしいことはわかった。B型肝炎の方は五分五分でしょう。女性が男性にうつした可能性だってあります。

――この女性はエイズに感染したことについてなにか言ってましたか。

　信じていた恋人に裏切られて本当に悔しい、と恨み言を洩らしたようです。

――最初の検査のときのT４リンパ球の数は。

　３６０です。

――きちんと病院に来ましたか。

　1年間に3回ほど来て、89年の秋が最後で、それからは来ていません。もう2年以上来ていません。

――最後のときのT４リンパ球の数は。

　２４７です。まだ下痢やリンパ腺の腫れなど、特別の症状は出ていなかったけど、そろそろAZTを投与する時期にきています。

——いまはどこにいるのですか。行方不明ですか。

いや、この女性は故郷に戻って地元の病院に通院しています。ひとりで東京にいることに耐えられなくなったのではないでしょうか。東京という大都会で、女性ひとりでエイズと戦わなければならないなんて、荷が重すぎます。家族が住む懐かしい故郷に帰りたくなって当然だと思います。

心配なのは田舎は人情が温かいとはいいますが、寄せ集めの東京とちがって狭い社会なので、隣近所の目が光っていることです。エイズであることが露顕すると世間の口がうるさくなります。ふるさとが心の安らぎが得られる場所だとはかぎらないのです。この女性がいくらかでも居心地よく暮らしていることを祈っています。

他の男にうつしてやる

山口　もしあなたがエイズに感染したらどうします。

麻衣子　ひとりでも多くの男を道連れにしてやります。友達の彼氏とエッチして、その友達まで殺しちゃう。みんな仲よく………。少しは冗談ですけど。

理絵子　本当にエイズになったら悩むと思うけど、今なら開き直ってやっぱり、ばんばんセックスをやっちゃうかもしれない。

山口　男性の感染者が話してくれた実際の話ですけど、やけくそになって、こうなったらエイズをどんどん拡げてやれとソープランドに行ったんだそうです。いざセックスという場面になったら勃起できなかったそうです。自分はプラスと知った日以来苦しんできた。それと同じ苦悩を他人に与えることはひどすぎるんじゃないかと、ひるんだそうです。そしたら縮んでしまったそうで、結局セックスはできなかった。

理絵子　女はそういうことはないです。いつでもできます。

山口　もし感染したら、だれに打ち明けますか。

麻衣子　友達にも言えない。

理絵子　恋人ならなおさら言えない。だってもうエッチしちゃってるんだもん。そういえば、前つきあってた男の子に「俺やせて格好よくなっただろう。実はエイズなんだ。お前も気をつけなよ」と言われたことがある。

山口　どう思いましたか。

理絵子　一応笑ったけど、顔は少し引きつっていた。

麻衣子　言えるとしたら女友達だろうね。でも女って口が軽いから、考えちゃう。

理絵子　そんなこと打ち明けられても困るよ。支えてあげたいと思うけど、一緒に遊びにいったら、同じグラスとか箸を使うじゃない。だから、だんだん離れると思う。

山口　同じ食器を使ってもうつらないことを知っていてもですか。

理絵子　うん。たとえばその子が使ったトイレに入ったら、ごしごし拭いちゃうような気がする。うつらないことがわかってても。

山口　女同士でセックスしたり、同じ男性を共有しないかぎりは安全なんです。

麻衣子　でもあったんです。理絵子にエイズだから気をつけろって言った男、その子とわたしエッチしたことがあったんです。

理絵子　ひとりの男をめぐって女がからむとか、ひとりの女を通じて男がつながったりすることがあるから、エイズが入り込んだら危ないかもしれません。

山口　エイズにかかったとして、残った時間をどう使いますか。

理絵子　遊びます。仕事もするけど、遊びます。

麻衣子　わたしはしぶとい方だから、頑張って治す薬を作ってもらう。だって医学がどんどん発達しているでしょう。薬ができないわけないもの。

理絵子　あたしもそう思うけど、薬の完成はあてにならないから、それより遊んでエイズの仲間を増やす。

麻衣子　やりたいことはすごくたくさんあると思うけど、結局、普通のひとと変わらない生活をするんじゃないかな。

山口　結婚はどう考えますか。

理絵子　多分しないと思う。だって結婚したら女だから、子供産みたいと思うし、だから結婚はしない。

山口　子供をつくらない結婚もあります。

麻衣子　わたしははっきりわからないけど、女の子なんだから一度は結婚を経験しておいてもいいんじゃかな。

山口　キャリア(保菌者)が妊娠した場合、エイズの子供ができるのはだいたい3割くらい。もし妊娠したとすると、どうしますか。

麻衣子　わたしは産むと思います。

理絵子　女だから70%にかけて産みたいとは思うけど、でも自分が死んでしまうことがわかっているんだったら、子供を残して死ぬんだったら……どうするか決められない。

麻衣子　たとえ子供が大きくなるのは見られなくても、わたしは産みます。

理絵子　あたしは考えるなー。

山口　エイズのことを他人事のように思っているのですか。

理絵子　性病とちがって、症状が出てきませんよね。これですごい親友だとかがエイズになったり、近所のひとがなったりするんだったら、注意すると思う。でもそんなことがないから、いまいち実感がないんです。

山口　自分だけは大丈夫と思っていますか。

理絵子　あるかもしれない。

麻衣子　わたしは思わない。

山口　発病するとどんな症状が出てくるか知っていますか。

理絵子　やせて斑点ができてくる。

麻衣子　思い出しちゃった。わたし拒食症にかかって急にやせたんです。そしたら皮が剝けてきて、斑点のような跡が手や足にできて……。そのときに例のエイズの男の子の話を理絵子から聞いて、ちょっと不安になったんです。そんなこともあったからエイズの検査を受けたんです。

山口　次回からはコンドームを持ち歩こうと思いましたか。

理絵子　そんなものを女の子がもっていたら「なんだ、この女」と疑われちゃう。そっちの方が嫌です。耐えられない。

麻衣子　やっぱり国民性ってあると思う。アメリカの女の子だったら「コンドームつけない男とはセックスしません」と言えるかもしれないけど、日本は女からそんなこと言うもんじゃないと思われてる。本当の危機感が迫っちゃえば別だろうけど。

理絵子　まわりでエイズが増えたとしても「エイズが怖いからコンドームをつけてください」じゃ、相手の男の子に失礼な気がするな。

山口　そのあたりはストレートに言わないで上手な表現があると思います。ところで外国人とセックスしたことはありますか。

理絵子　ないです。でも、あたしがすごく好きでつきあっていたひとが外人の女の子にもてて、いつも連れて歩いていたの。それでエイズが怖くなっちゃったことがあります。

麻衣子　とりあえず血液検査を受けようと思ったのも、そういえば前の彼氏が外人の女の子とエッチしていたんです。別れた後でそれがわかって、平気だと思おうとしたけど、気になって病院に行ったのかもしれない。

山口　あのう、エイズで咳みたいのが出ることがありますか。

麻衣子　エイズにはカリニ肺炎が多いんです。カリニ肺炎は咳が出ます。

理絵子　カリニ肺炎ってきいたことがある。麻衣子がすごく咳をしてるんです。あたしの友達も、麻衣子のやせ方は異常じゃないかって言うし。

麻衣子　最近、めまい、動悸(どうき)、息切れがしょっちゅうなんです。気になって……。普通の病院でカリニ肺炎は診断できますか。

山口　その医者がエイズのことを知らなければ、単なる風邪かと思うかもしれない。

麻衣子　咳止めの薬を呑んだら効きますか。

山口　カリニ肺炎の場合はあまりよくならない。エイズならその前にリンパ腺が腫れてくるとか、1カ月以上熱が続くとか、そんな前ぶれが出ます。

麻衣子　怖い。わたしに全部当てはまっている。わたし寝汗もかくんですけど、それも当てはまりますか。

山口　ひどい寝汗は発病の前ぶれのひとつです。

理絵子　あたしの家に泊まりにきて麻衣子と一緒に寝たりするんですけど、きゃー、みんな当たっている。

麻衣子　わたしすごく下痢もするんですけど、それもそうですか。体重は太っていたときから10キロ、ぽんと落ちました。いまはまた太ってきましたけど。

山口　くよくよ悩んでいてもなんの解決にもなりません。心配ならもう一度あらためて検査を受けてみることを勧めます。

日本人女性はすぐ落ちる

理絵子　一度プラスになったら絶対マイナスにならないのですか。

山口　それはなりません。

麻衣子　たとえばプラスの男とエッチしたとして、たった1回ですよ。それでもコンドームをつけないとうつるんでしょうか。

山口　感染することも感染しないこともあります。

理絵子　アナルを使わなければ大丈夫なんでしょう。

山口　男女のノーマルなセックスでも、多くの場合は性器に傷がつきますから、そこからエイズウイルスが侵入することがあります。

麻衣子　男のひとって女のアナルを使いたがるみたい。

理絵子　あたしも迫られたことがある。男の願望みたいよ。

山口　そのときあなたはどうしたんですか。

理絵子　女の子はそんなの嫌いですよ。

麻衣子　あの、レズはうつりますか。

山口　膣分泌液にもエイズウイルスがいるわけだから、危険はあります。それに性的道具をふたりで使ったりするとやはり危ない。

麻衣子　でもホモよりは安全でしょう。

山口　いや、そうともかぎらない。生理の後などは血液がまだ出ていることがありますから。おふたりは外国に行ったことはありますか。

理絵子　近場のハワイやグアムばかりですけど。

山口　日本人女性は遊んでいましたか。

理絵子　やっぱり日本人の女性って、現地のひとでも怖がるような場所に平気で行ったり、黒人が好きで遊んでいたりとか、すごく目立ちますよ。

理絵子　向こうに行くと、男が日本人の女性とみるとすっごく寄ってくるんです。どこのホテルとか、教えないのに部屋にいきなり電話がかかってきて、しつこく誘うんです。たとえばオプショナルツアーなんかだと、インストラクターが身体をすり寄せてきたり、耳元で「愛してるよ」なんて日本語で言うんです。会ったばかりなのに。

現地の男って、日本人の女ならすぐ落ちると思い込んでいる。ちょっとでもひまがあるとディスコに行こうとか、特別のポイントを案内してやるとか、モーションのかけ方がすごいんですよ。

あたしはそういうの好きじゃないから全部断るけど、無料でガイドしてやるなんて誘われて、ついていく日本人の女の子がいっぱいいるんです。

山口　麻衣子さんはどう。

麻衣子　わたしは外国に行ったことがないのでわかりません。でも外国人てイメージ的に日本人よりエイズの確率が高いような気がする。エッチする気にならないみたい。

山口　週刊誌などでは、六本木あたりで黒人を目当てに集まってくる女性がいるというけど、あれは本当ですか。

理絵子　あたしは日本人の集まるディスコに行くけど、1〜2年前、ブラックブームがあって、そういうディスコに行くと、黒人男性と半分エッチしているような女の子をいっぱい見ました。

山口　ディスコでそんなことをするんですか。

理絵子　六本木だったら路上でキスしているひといっぱいいますよ。

麻衣子　外人の男性モデルが集まる有名なディスコがあったんです。そこに行ったらグルーピーの女の子がすごいの。同じ日本人として恥ずかしいようなことを露骨にするんです。さかりのついたメス犬みたい。

山口　どんなことをしていたのですか。

麻衣子 もう見事に色目を使っている。踊っていても外人と話すチャンスを見つけようと必死なの。まわりにいる第三者が「うわぁ、この子きてるわ」って。女の子が多くて競争率が激しいでしょ、どうやって男を取るか一生懸命なの。わたしとかは恥ずかしくて。それで外人の男の子から声がかかれば一発でついていく。だから、日本人の女の子が外人に弱い、と思われているのよくわかる。

理絵子 ちょっと前まではブラパンが多かったけどね。今は白人かな。

山口 ブラパンってなんですか。

理絵子 ようするにブラックマンが好きな女の子です。目当てが黒人なんです。あたしの友達でもいるけど、本気で好きになっちゃうみたい。アメリカに帰った男を実家まで追いかけていったり、湾岸戦争のときなんか、サウジにまで電話していたんです。でも最近別れたらしくて、次の彼氏見つけようなんてディスコに通っているけど、やっぱりまた黒人を狙っている。

麻衣子 今はすたったけど、一時ブラックマンを連れて歩くのがはやったでしょ。

理絵子 本気じゃなくてもいいの。ほら、アクセサリーみたいに、男は女をアクセサリー化して、いい女を連れて歩きたがるでしょ、女も同じよ。

麻衣子 お父さんやお母さんの時代とちがって、今はセックスが軽くて、スポーツみたいな感覚があると思う。

理絵子　たとえば恋人がいても、たまたまどこかで自分のタイプの男の子に出会ったとする。そしたら「あたしは彼氏がいるからあきらめよう」なんて全然思わない。好きなひとのために守ろうなんてがらじゃないもん。

山口　男を乗り換えるのですか。

理絵子　乗り換えるのじゃなくて、その場のアバンチュールを楽しんじゃう。ずるい考えかもしれないけど、とりあえず先のことは考えず、ちょっとつまみ食いしようかな、という気持ちがありますね。

山口　自分から声をかけますか。

麻衣子　絶対にそんなことはしません。

理絵子　あたしからデートしようって誘ったことはあるかもしれない。

麻衣子　女の場合だったら、わざわざ言葉にしなくても肩にもたれかかっちゃうとか、態度で示せるでしょう。

山口　セックスのときに防御をしないと病気になりませんか。

理絵子　エイズはまだ聞いたことがないですけど、性病をうつされたなんてしょっちゅう聞く話です。

麻衣子 わたしも性病の話はよく聞く。ある男の子が、俺は性病の予防薬をのんでいるからエイズは関係ないと言ってたけど、それって医学的に本当ですか。

山口 そんな薬はありません。

理絵子 普通の性病なら予防できるんですか。

山口 どんな薬を吞んでいるかわからないけど、淋病に効くということでペニシリン系を使っても、耐性のある淋病がはやっていますから、あまりあてにならない。

※

症例⑫【異性間感染】

この女性は89年からヨーロッパに1年ほど留学していて現地の人と恋愛をし、その結果エイズに感染した症例です。この女性は26歳です。91年秋、リンパ腺の腫れがひかないので、近くの病院に診察を受けにいったのです。本人はエイズの可能性があるとは思っていなかった。担当医がエイズの検査を勧めたので、血液検査を受けました。その結果、偽陽性だから専門の病院で詳しい検査をしてもらうよう言われたのです。しかしその病院では確認検査まですませており、陽性だということがわかっていました。この女性には「陽性の疑いが強いが、1%くらいはまだはっきりしないから駒込病院で確認してもらうように」と言ったのです。うちには外来で経過をみるようその病院から依頼がありました。それが翌月のことです。

——最初に来たときはどんな様子でしたか。

感染症の中でもエイズの診察室は、医者と患者のやりとりを第三者に聞かれないよう、独立した部屋になっているので、ドアは常時半開きになっているのです。この女性は「閉めてもいいですか」と言って扉を閉めました。問診をしている間、がっくり肩を落としていました。血液を採取するとき、この女性は「ここで検査をやってもきっとプラスと出ますよね」と言いました。

——二度目はどうでしたか。

検査の結果、残念ですが陽性でしたとはっきり告げました。女性は「心の準備はしていたつもりでしたが、ああ、やっぱりエイズでしたか」と言ったきり、絶句してしまいました。今後の生活上の注意などを話していると、ちょっと涙を流しました。悲しみを必死でこらえていました。

三回目の外来では、診察が終わって帰りぎわ「自分の気持ちをきちんとお話しできなかったので、後で読んでください」とメモを置いていきました。

「わたしは外国に勉強に行き、燃えるような愛を知り、結局結婚はできなかったけど、悲しい心で日本に帰り、一生男なしで仕事一途に生きようと決意して、仕事も軌道にのってきたところだったのに……そのわたしがエイズなんて。この病気にかかって初めて生命の大切さを痛感しました。今までは若いのだから健康で当たり前なんだと思っていました。健康のありがたさをつくづく思い知らされました。

わたしとしては真剣な恋愛でした。だから後悔はしたくない。これからは自暴自棄になっても仕方がないから、仕事に励みます。残された短い日々を懸命に生きていきます。でも日本ではエイズに対する偏見が強い。大好きな両親がわたしの病気を知ったら絶望するでしょう。それには耐えられません。絶対に知らせないでください」

そんな内容のことが小さな紙片にびっしりと書きつづってありました。

——エイズの症状は出ているのですか。

リンパ腺が腫れているだけで下痢はまだないようです。熱は出ていますね。夕方になると発熱するのだけど、心配だから計らないと言っています。

——セックスはしていますか。

していません。

——エイズにかかると性欲は衰えるのですか。

糖尿病では病気が進むとインポテンツになることがありますが、エイズの場合、その傾向はないようです。

――仕事はどうなっていますか。

仕事がら地方に行くことが多いらしく、本当は一度検査入院した方がいいのですが、あと半年は頑張りたいと言い張るので…。旅先で具合が悪くなったときの緊急連絡先や薬の入手先を教えてはありますが。

――彼女は今も両親に知らせていないのですか。

親類のひとりには病気のことを話して、相談相手になってもらっているようです。ただ、エイズは確実に進行していきますから、体を動かそうと思っても動けない日が必ず来るのです。エイズはひとりでかかえるには過酷すぎる病気です。精神的な支えも重要です。もっとも信頼する身内に、彼女の場合はとくに母親ですが、助けてもらうことが不可欠なのです。一日も早く両親に知らせるよう今後も粘り強く説得を続けます。

病気と闘うことも苦しいけど、それ以上に絶望をだれにも言えないというのが最大の苦痛なんです。なんとか心の負担をすこしでも軽くしてやりたいのです。

――心理的には安定しつつあるのでしょうか。

私も十分に時間をとって対話しながら患者を診たいのですが、ゆっくりと話す時間がないんです。だからこのような手紙を書いてくるのだと思います。その後のメモには、惨めな姿で死にたくない、その前に安楽死させてくださいと書いたとおもうと、1日も早く治療薬を作ってください、なぜ急いで完成させないのですかと私を困らせています。

私だってエイズの特効薬は欲しい。でも私は臨床医だから患者の手当はできても、悲しいかな、薬の開発の面では無力です。

奇妙な部分があるのです。命は助けてほしいけど、ダブルブラインドは絶対嫌だと主張しています。

——ダブルブラインドとはなんですか。

新薬の効果を実験するとき、患者を半分に分けて、半数には治験薬（未承認薬）、残り半数にはすでに認可されているAZTなどを服用させます。医者も患者もだれが治験薬を呑んでいるのか知らされません。ですから二重の目隠し（ダブルブラインド）というのです。どの患者がどちらの薬を服用しているかを書いたリストは、金庫の中で厳重保管されます。実験が終了したところでリストと結果を突き合わせ、客観的な効果をみるのです。なぜそんなことをするのかといえば、人間の心理は微妙ですから、先入観を持てばそれが患者の身体だけでなく医師の判断にも影響を及ぼすからです。新薬を使っていると信じれば本当に効いてくるんです。

エイズ感染者は医学書、とくにエイズに関する本をよく読みます。この女性もどこかでこの知識を学んだのでしょう。このひとの言いたいことは、もしエイズ新薬ができたとしても

「わたしを人体実験に使わないで」ということだと思います。

——患者の心理としては、自分の命が助かる可能性があるのなら、一か八か新薬に賭けてみるものじゃないですか。

うーん、私もそう思うけど、このひとの場合、命が助かったはいいが、身体障害が残るとか、寝たきりになるとか、勘違いしていると思います。とにかく、かなり心が乱れているんです。無理もないですよ。本来なら前途洋々の若い女性なんですから。

手紙の別の部分には自殺をほのめかすような部分もあります。

——精神的に落ち込んでいると病状の悪化が速まるのですか。

「なんだ、このやろう」ぐらいに強気になれるひとと、ぐにゃぐにゃになってしまうひとでは差がでます。考え過ぎると気分が滅入ってしまうし、食欲が落ちる。夜眠れなければ、体力が低下する。抵抗力が衰退するのです。

——今はどのくらいの間隔で通院していますか。

ほぼ2週間に1回です。首のリンパ腺の腫れがぜんぜんひかない。T4リンパ球が減っています。

——どんな女性ですか。

ほっそりした体型で、身長は160センチくらいです。まじめで知的レベルが高くておとなしい感じの日本女性です。ところが芯はしっかりしている。先日、一度10日間ばかり入院していろいろ検査しておこうと勧めたのですが、断られましてね。「その検査をやることでどんな意義があるのですか」と理詰めなんです。「まず皮膚科の先生に診てもらって、皮膚の状態を検査しておきたいし、リンパ線の検査やCTも撮りたい」と言うと「わたしの病名が他に漏れることはありませんか」と疑っている。「ここは駒込病院です。個人のプライバシーに関して無用の心配はいりません」と言っても首を縦に振らない。

——治療に非協力的な女性ですね。

ちがいます。この女性は働けるうちに自分のやりたい仕事をやっておきたいと、なんども言っている。残された貴重な時間を大切に使うことがなにより優先するんです。また、こうも言っていました。「もし、10日の時間があいたら先生のおっしゃる通りにします」。

これだけ慎重な性格だから、自分がエイズに感染したことが悔しくてたまらないんだ。私は医者という立場を離れて、この女性を偉いと思う。精神力を尊敬します。もし私が彼女だったら、ここまで自分の仕事に邁進できるかどうかわからない。

このひとは美しくてとても魅力的な女性なんです。本当にエイズには血も涙もない。なんとか頑張ってほしいと思っています。

コンドームなんて大嫌い

理絵子　知ってる子で「わたし性病だから、エッチはできるけど、コンドームをつけて」とはっきり言ってる女の子がいます。

麻衣子　女の子同士で話しているとコンドームが嫌いな理由って、エイズなんかどうでもよくて、ムードがしらけちゃうからなんです。10人の女の子のうち9人は嫌いだって言います。あの間がしらけるから。

理絵子　周囲の女の子がみんなつけるようになったらあたしもコンドームを使うかもしれないけど、それまでは……。

山口　避妊はどうしていますか。

理絵子　あんまり多くはないけどピルを呑んでいる子もいます。でもほとんど膣外射精で避妊した気になるみたい。

山口　膣外射精で大丈夫だと思いますか。

麻衣子　わたしは女で受け身だから危ないと思うけど、すごく怖いんですけど、相手の男性はそれで平気だと思っています。

山口　男性には便利だろうけど、それはよくないですね。

理絵子　膣外射精でもエイズはうつりますか。

山口　精液が膣の内に漏れれば危険です。ところで質問があります。エイズがマスコミで話題になってから、ちょっとリンパ腺が腫れたくらいで、エイズじゃないかと震え上がるひとがいるんです。検査をしてマイナスだとわかってもノイローゼから立ち直れない。あなたたちの職場ではそんな傾向はありますか。

理絵子　まったく冗談の世界です。会話のなかではエイズという言葉は年中出るんです。実感がないからぽんぽん言える感じ。

山口　エイズの知識はどこで得ていますか。

麻衣子　ＣＮＮのニュースとか女性週刊誌が多いです。最近エイズの赤ちゃんなんかの写真が出ていますよ。

山口　もっと正しい知識を知りたいとは思わないですか。

理絵子　もし、あたしと性行為した相手がエイズ感染者だったら、本屋に行って本を買うかもしれない。それで当てはまる症状があるか調べてみます。

山口　感染したとしても、初期にごく一部のひとに風邪のような症状が出るだけで、ほとんどのひとは健康そのものなんですよ。調べてもわかりません。

あなたがたのエイズ知識は標準より上ですか、下ですか。

理絵子　多分みんなこんなレベルです。唾液でうつると思ってるひともいるし、同じグラスで飲むとうつると信じている女の子もいます。知っていることがばらばらです。

山口　同じ職場に感染者がいたらどう接しますか。

理絵子　仕事ならある程度我慢すると思うけど、隣に座ったりとかはできません。

麻衣子　食事に誘われても、それはちょっと勘弁してもらいます。わたしはお腹減ってないから、そんなことを言って断ると思います。

理絵子　エイズだと知らなかったときと同じにはできません。遠回しに接すると思う。やっぱり会社をやめてくれたら、ほっとするかもしれないな。

山口　自分がその立場になることは考えないのですか。感染者の立場に立って。

理絵子　同僚がいるところでは「同じグラスで水を飲んでも平気なのよ」とか言うだろうけど、でも、あたしは彼女の飲んだグラスには絶対口をつけません。

山口　日本でもアメリカのマジック・ジョンソンのような有名人がエイズに感染したと公表したら、怖さを実感すると思いますか。

理絵子　もし超有名な女性タレントだったら、けっこう噂にはなりそうだけど、あっという間に忘れると思います。

麻衣子　たとえば六本木だと、業界とかと、結構、底でつながっているじゃないですか。自分は大丈夫かと、パニックになるひとも出そうだけど、すぐ終わりそうだな。

理絵子　あせるとしたら、彼氏か家族か親友がエイズになったときだけだと思う。

麻衣子　女の子は月に一度のものがあるでしょう。生理が遅れると「ああ神様、もし妊娠していなかったら、これからは必ずコンドームをつけます」って誓うんです。でも生理がくれば、そんなこと忘れてまた膣外射精。毎月同じことの繰り返しみたいなもんです。全然懲りてないの。だからエイズのことなんかあんまり気にしていられない。

理絵子　まわりの女の子はへっちゃらな子が多いよね。エイズなんか二の次もいいとこ。

山口　そんな状態では、もしプラスのひとがいたらエイズがどんどん拡がる可能性が大いにあると思います。

理絵子　そう言われると、赤信号の女の子が多いみたい。こんな話をきいていると、日本にもエイズがどんどん増えるかもしれない、そんな気もする。

麻衣子　わたしの知っている男の子なんか、1年で120人以上の女の子とエッチしてるんですよ。

理絵子　あたしのボーイフレンドがあるディスコでナンパしたんだって。「きみ、ちょっときて」そんなノリで手をつないで、女の子も「うん」なんてついてきて、個室でセックスして「じゃあね」で終わり。女の子の名前なんてぜんぜん知らない。道で会っても「あの女どこかで見たことがあるな」ぐらいで、もう顔も見分けられないんです。そんなことがざらにある世界なんです。

山口　若い男はソープランドに行かないのですか。

理絵子　まわりは行ったことがない男の子ばかりですよ。いまはやたらに遊んでいる男の子か、女の子に声もかけられないのかのどっちかです。

麻衣子　わたしは九州なんだけど、いまは田舎の友達もすごく遊んでいる。みんな車持ってるから車の中でもしてるし、処女をなくすのがすごく早くなっている。

理絵子　コンドームのこと正直に言いますと、わたし本当は間がしらけるんじゃなくて、つけると気持ちがよくなれないんです。間なんかどうでもいいの。ただコンドームをつけちゃうと感じないから、結局快楽に負けて生でやってもらうんです。

麻衣子　女の子はみんなそうだと思う。間だなんて言うけど、快感が減るからなのよ。

これからはエッチが楽しくない時代になるのかしら。いやだなぁ。

＊

このふたりが若い女性を代表しているとは思いませんが、同時にほんの一部の跳ね上がりだと黙殺することもできません。一世代前までの女性は、セックスをするのに大義名分を必要としていましたが。

現代の女性は愛情と性をあっけなく切り離しています。セックスに対するブレーキが弱くなっている。性欲という点で、男と女の差がなくなってきた。もちろん個人差はあるでしょうが、そんな傾向があるように思えてならないのです。もしここにエイズ感染者が紛れ込んできたら、この女性たちはひとたまりもないのではないか。エイズが爆発的に蔓延(まんえん)するのではないか、そう思わざるをえません。

92年3月中旬、厚生省ＨＩＶ疫学調査班が大都市部に住む日本人の性行動に関するアンケート調査の結果を発表しています。この調査は、札幌、東京、名古屋、大阪、福岡の男女約３０００人(年齢20〜64歳)を対象に調べたもので、それによれば、結婚や同棲など特定のセックスパートナーのいるカップルのうち、男は20％が、女は８％が「過去１年間にパートナー以外の不特定の相手と性行為をしたことがある」と答えています。しかも、そのときに毎回コンドームを使ったのはたった25％で、40％は全然使っていなかったのです。また全体の７％がＳＴＤ(性行為感染症)にかかったことがあると言っています。

日本人のエイズに対する認識不足とガードの甘さが、如実に出たデータだと思います。

日本でエイズが流行するとしたら、主要な感染源はソープランドあたりではないか、私にはそういう思い込みがありました。浅慮だったかもしれません。ソープランドの関係者にきいてみたところ、セックスのとき、コンドームをつけるソープ嬢がどんどん増えているそうです。フェラチオのときにコンドームを使う女性も珍しくなくなったといいます。新人は入店するにあたり「わたしはコンドームなしには仕事をしません」と条件をつけることが多くなったそうです。多くの店のソープ嬢は血液検査を月に1～2回受けています。ソープランドで働く女性にとってエイズは身に迫った具体的脅威なのです。エイズに対する関心も深い。ですから、自分の生命を相手まかせにするような愚かな行動はしません。

危ないのは素人の女性なのです。

文部省は若い世代に拡大し始めたエイズに対処するために、92年度から高校生を対象にエイズの予防教育をスタートする方針を決めましたが、新聞の報道によれば、コンドームの使用を教えることに二の足を踏んでいるようです。

現実には、危険を自覚しないまま、無防備なセックスに走る若者が大勢いるのです。このまま放置すれば悲惨な状況に陥ることは目に見えています。それを教えるのは大人の責任だと思います。

第7章
家庭崩壊が始まった

　異性間性的接触による感染が主流になったということは、エイズウイルスが家庭に侵入することを意味します。日本社会の中核をなすサラリーマン家庭がエイズに蹂躙（じゅうりん）されるのです。異性間感染による犠牲者は女性は20代、男性は20代から40代に集中しています。彼らは働き盛りの世代です。社会を支えるかけがいのない存在です。家庭では一家を支える大黒柱です。そんな貴重な人材がばたばた倒れるとしたら、日本社会のエネルギーは失われ、労働意欲は減退し、生産性は大きく落ちこむことでしょう。そればかりでなく、膨大な医療費が必要になってきます。家庭では夫が妻を二次感染させ、妻は新生児を三次感染させます。家庭はまちがいなく崩壊するでしょう。

エイズの悪辣（あくらつ）さは死の病であるということ以外に、エイズ痴呆をひきおこすということにもあります。駒込病院で解剖した症例のうち、脳の萎縮など明瞭な病変をおこしていた例は3割に達しています。中枢神経系に病的な変化が認められるケースは全体のほぼ7割になるとみられています。わかりやすく言い直せば、エイズ患者の7割にぼけ症状が出てくるということです。

以前はカリニ肺炎であっけなく死亡することが多かったのです。ですからエイズ痴呆は少なかった。しかし今は薬が発達し、カリニ肺炎を治療することができます。死ぬひとはぐっと減りました。

ところが、免疫力が落ちた状態で長生きするようになったので、今度は日和見感染で脳をやられ、痴呆になってしまう症例が増えているのです。脳を襲う病原体はエイズウイルスの他に、トキソプラズマ（原虫）、クリプトコッカス（かび）、サイトメガロウイルスがあります。エイズ痴呆は老人性の痴呆と症状は同じです。エイズ痴呆は病気が進行した結果ですから、原状を回復する見込みはありません。

エイズ痴呆の初期症状は、気分が沈みがちになる、忘れっぽくなる、集中力が減退する、ものごとに無関心になる、温和なひとが怒りっぽくなるなど性格が変化してくる、しゃべるのがのろくなる、字がうまく書けなくなる、気持ちが安定しない、うまく歩けなくなる、階段を昇るときバランスをとりにくい、身体が震える、などです。これらはごく緩慢に進行しますから、身内は見過ごしてしまいがちです。かえって久し振りに会った友人が異常に気付くことが多いようです。

30代で大小便垂れ流し、という悲惨な患者がいます。こういう患者を介護しようとする家族は疲労困憊します。通常の場合とは逆に、年老いた親がエイズ痴呆になった息子、娘をみなければならないのです。たちまち家族は極限状態に追い込まれてしまいます。「うちでは手に余るから入院させてください」といった依頼があります。これは病院としても困るのです。癌や肺炎を起こしている患者には入院治療をします。しかし、「家族で面倒みきれない」とか「他人の目があるからぼけた子供を家に置けない」などを理由に、入院を希望されても「はい、そうですか」と引き取ることは駒込病院でもできないのです。一般の病院ではなおさらのことだと思います。痴呆に加えて下痢や吐血、下血がおきます。エイズ患者を見守る看護は並大抵の手間ではすみません。

エイズ患者の家族がこんな愚痴をこぼしたことがありました。「こんなに若いのにぼけてしまうなんて、いっそぱっと死んでくれたほうがよかった」。

自分の子供（といっても大人ですが）のエイズが、近所に知られ噂になるのではないか、と世間体を気にする親もいます。駒込病院に入院していることをひた隠しにする親もいます。駒込病院イコールエイズというイメージが一部のひとにあるからです。体調のいいときは入院患者に外泊を許可するのですが、息子や娘の帰りを喜ばないケースもあります。家にいるときに突然だれかが訪ねてきて「どこが悪いの」「どこに入院しているの」など無神経な質問を浴びせられるのがつらいからだ、とある家族が釈明しています。

※

症例⑬【異性間感染】

この女性の夫は血友病で、血液製剤からＨＩＶ感染しました。この患者は夫から異性間性的接触によって二次感染した症例です。アメリカのデータによれば、血友病の夫が妻を感染させている確率は９％といわれています。

この患者は、夫がエイズで亡くなった後の85年冬に血液検査を受け、ＨＩＶ陽性と判明しています。具合が悪くなり始めたのは89年の夏で、ときどきわけのわからない熱が出たり体重が減ってきました。

この女性には6歳と小学校3年生の男の子がいました。本人ができるだけ入院はしないで家事を頑張りたいと希望するので、ＡＺＴを服用しながら外来に通っていました。

91年春、健忘症がひどくなってきました。次回の診察日を約束してもすっぽかしたり、物忘れが頻繁におきます。昨日どこに出掛けたのかも覚えていないんです。でも家事や育児は必死にこなしていたようです。ときおり患者の実兄が様子を見にいっていました。6月中旬には家の中も整頓されていたのが、7月中旬に訪れてみると家の中が散らかっている。子供たちも「お母さんはすこし変だよ」と言います。これは病状が悪化したということで、翌日入院しています。

入院はまだ早いと思いましたが、母親がエイズでぼけてくる姿を子供に見せたくないという強い要望があったので、入院を許可したのです。入院当座はふらつきながらも歩けたのですが、だんだんと意識水準が落ちてきました。

――子供たちは見舞いに来たのですか。

ええ。入院したばかりのころは、子供に会うとうれしそう顔をするんです。でも通常は、母親というものは留守にしている家のことが気になりますよね。家の様子を質問するものです。でもこの女性にはそれがなかった。ただにこにこしているだけで会話が成立しない。そのうち喜びの表情も徐々に薄れていきました。

入院後1週間たつと、一日中うとうと眠りこむことが多くなりました。8月初めには食欲が落ちてきました。ただ、身体はまだかなり元気で、ひとりでシャワーを浴びることができました。

夏に入って記憶力が急速に悪くなった。朝食を食べたあと10分ほどして「今朝はなにを食べたの」ときいても答えられない。1カ月前までは「今日は雨が降りました」とか「昨日は×日でした」などと答えられたのですが、それもできなくなりました。

——息子たちは感染していなかったのですか。

血液検査の結果はふたりともマイナスだった。本当によかった。

——この患者はテレビは見ていましたか。

スイッチは入れてあっても画面を見ているという印象ではありません。内容を理解しているとは思えませんでした。新聞を手に持つこともありましたが、読むというような知的な作業は無理で、やはり眺めているだけでした。

——どの程度の痴呆だったのですか。

はっきりおかしいなと思ったのは8月中旬でした。花瓶の花を抜き出して、一本一本ベッドに並べていたのです。検温しようと体温計を脇の下にはさむと口の中に持っていって噛もうとする。スナック菓子を買ってきて封を切って渡しても、ただ持っているだけで食べようとしない。食事をしましょうと箸を持たせてやっても、箸を握ったまま布団に入っている。「私の名前はなんですか」と訊ねても、全然わからない。目だけ開いて見ている。赤ん坊が見ているのと同じです。赤ちゃんも5〜6カ月になると父親とか母親を見分けてにこっと笑いますね。意識レベルとしてはそれより下です。

急変があったのは8月末でした。パジャマを着替えさせようとしたときのことです。いつもと様子がちがって、手足を突っ張っている。普通は腰を浮かすとか手を通すとかして看護婦に協力しますね。昨日まではできていたことができなくなっている。おかしいなと思いました。それが前触れでした。

翌日、脳出血の発作が起きた。左半身不随になっている。コンピュータによる断層撮影〈CTスキャン〉で頭部の出血部位が確認できました。お兄さんが見舞いに駆けつけて声をかけたんだけど、それがだれだかわからない。そのまま寝たきりの状態になったのです。9月になって名前を呼ぶと「はい」と答えるまでに回復しましたが、言葉はしゃべれなくなってしまった。

——この患者で印象的だったことはありましたか。

髪の毛を握ってじっとしているんです。その仕種(しぐさ)をみて、やっぱり女性なんだなと感じました。頭はぼけてしまっても女性の本能が残っているんです。

——食事はなにを食べていましたか。

口から摂取することは不可能でした。中心静脈栄養で一日に1800カロリーを与えていました。

——トイレはどうしていましたか。

排泄障害があったのでおむつです。多分それが嫌だったのでしょう。動く右手を使っておむつをとろうとすることが多かった。おしっこは管を使ってとっていました〈尿管カテーテル〉。

——意志の疎通はどうしたのですか。

たとえば「床ずれになりますから身体を動かしましょうね」と言うとうなずく。その他にもドアが開く音がすると視線がそちらに向く。その程度までは回復しました。

10月の初め、ぜいぜいと息をするようになり、咳と痰がひどくなってきた。麻痺している左の瞼が垂れてきました。人相も変わってきたのです。

この直前までは息子たちが面会に来ていました。でもこれ以上、母親が悪くなるのを見せれば、お母さんの大切な思い出までが傷ついてしまう。そのとき以来、生きている間は二度と会えませんでした。

——その後の病状は。

尿管カテーテルを使っていたので膀胱炎をおこさないよう消毒液で洗條していましたが、やがて血尿が出るようになりました。1月、呼吸困難がおきて亡くなりました。直接の死因は脳の病変と出血性の膀胱炎です。これはエイズ痴呆の典型的な一例です。

——脳出血なのにエイズの疑いがあるんですか。

エイズウイルスのために全身の血管がもろくなってしまうのです。だからどこからも出血しやすくなっている。おしっこが濁っていたのも尿管出血が原因なんです。

——死亡診断書には死因はただ脳出血と書くんですか。

エイズ、脳出血と書きます。死亡診断書は公式の文書ですから事実を隠したり曲げたりすることはできません。

夫から妻へ・妻から夫へ

思い当たるふしがあるくせに、自分では血液検査を受ける勇気がなく、どう言いくるめたのか奥さんを身代わりに来院させた男性がいました。奥さんの検査の結果がマイナスなら自分もマイナスだろうという計算です。これはとんでもない考えちがいなのです。妻が陰性だからといって夫までが陰性ということにはなりません。夫が陽性でも妻が感染していないケースがざらにあるからです。参考までにハイチのデータを示します。ハイチは中米のカリブ海に浮かぶ島国ですが、異性間によるエイズ感染が非常に多い地域です。

★感染者の夫から妻が二次感染させられていた率――65％

★感染者の妻から夫が二次感染させられていた率――61％

結婚前に親しく交際していた男性がエイズ感染者とわかって、検査を受けにきた主婦がいました。残念なことに結果は陽性でした。ところが、この女性は夫には絶対告白できないと言い張るのです。もし本当のことを言ったら離婚されてしまう。それにもう子供がいるから別れられないと言うのです。

だけど、今のうちなら間に合うかもしれないのです。夫が感染していないことも十分ありうる。このまま黙って夫婦生活を続けていたら、夫は感染するかもしれないのです。医学的にいえば、ただちに夫は血液検査を受けるべきなのです。病院側としてはこれ以上の被害を防止するために指導をすべきなのです。

すでに2～3回の説得を繰り返していますが、この女性は夫に告白することを依然として拒否しています。良心がないわけじゃない。ひとり悶々と苦しんでいることは確かです。しかし、離婚になれば翌日から路頭に迷うことになる。このひとは専業主婦で、経済力が全然ありません。医者としてできる範囲は説得するまでです。これ以上はどうすることもできない。この女性の夫は、まさかエイズウイルスが自分の家の中に侵入しているとは想像したこともないでしょう。

エイズは感染力のごく弱い病原体です。感染経路が限定されていますから、家族に感染者が出たとしても、二次感染は簡単に防止できます。セックスは必ずコンドームをつけること、あとは歯ブラシ、剃刀(かみそり)、櫛(くし)を専用にすることで十分です。その他の注意としては、万が一を考慮して、感染者は家族に自分の血液を触れさせないよう、鼻血など出血した場合は自分で処置し、水洗トイレで流すことです。女性の月経血の処理も同様です。

ＨＩＶに汚染された血液が付着したとしても、あわてる必要はありません。エイズウイルスは簡単に殺菌することができます。

エイズウイルスは次亜塩素酸ナトリウムに非常に弱いことを覚えておいてください。これは別名カルキ、さらし粉と呼ばれるもので、独特の臭気がある薬物です。ほとんどの家庭用漂白剤に含まれているものです。ごく微量ですが水道水の殺菌にも使われています。ですからもし血がついたら水道を出しっぱなしにしたまま、ていねいに洗い流してください。これでエイズウイルスは死滅します。それでも不安なひとはエタノール(エチルアルコール)で拭いてください。これで万全です。

エイズの感染力を他の伝染病と比較してみましょう。空気伝染では麻疹(はしか)が最強です。これはすれちがっただけでうつります。家庭内では防ぎようがありません。経口感染では赤痢がかなり強力です。これはトイレのドアの把手に触れたり、同じタオルで手を拭いた程度でうつります。どちらの感染力もエイズとは桁ちがいに強いのです。

※

症例⑭【異性間感染？】

この女性は今年になって来院しました。夫が歯科医師なので、抜歯すると患者の血を浴びる。アメリカでは歯医者が患者から感染したという記事を読んで心配になり、夫婦で病院に出向き血液検査を受けました。夫はマイナス、しかし妻だけが偽陽性と出ました。この女性は詳しい検査を受けるため駒込病院を紹介されました。

「失礼なことをききますが、旦那さん以外の男性と性交渉をもったことはありませんか」と質問しました。結婚前に深い関係になった男性はいませんでした。この女性は結婚後もそんなことは一度もしていないと断言しました。

偽陽性につながる原因、たとえばステロイド剤をここ3カ月以内に服用していたとか、妊娠しているとか、あらゆる可能性を問いただしました。答えはどれもノーでした。

――この女性の可能性は五分五分ですか。

私はマイナスだと思います。夫がマイナスだというのが大きなポイントです。話をした印象でも、この女性は身持ちが固そうだし、浮気をしたとは到底思えません。私は相手が答えるときは視線をはずしません。診察を受ける側が正しいことばかりを口にするとはかぎらないからです。この女性に嘘をついているような気配はありません。ただ、本人にしてみたら、さぞかし不安だろうと思います。気の毒ですがあと3カ月待たないと、はっきりした結論は出せないんです。

もしこの女性の夫が妻の過去や不貞を疑っていたら、一悶着起きていた可能性があったと思います。エイズは平和な家庭に不和をもたらす悪魔なのです。

※

症例⑮【異性間感染】

この患者は80人くらいの女性とセックスしたのが自慢の男性で、そのあげくにエイズに感染してしまいました。年齢は30歳、セックスの相手になった女性の内訳は東南アジア系が20人、あとの60人が日本人です。日本では吉原とか新宿、池袋などによく遊びにいっています。奥さんに内緒で友人と連れ立っていくことが多かったようです。

血液検査を受けてＨＩＶ陽性だと判定されたのは87年のことです。別の病院で検査を受け、そこから紹介されて駒込病院に来るようになりました。

どうも身体の調子がおかしいと感じ始めたのが90年初夏。熱が出て身体がだるい。どうも風邪らしい、というので市販の風邪薬を呑んでいました。なかなかよくならない。それどころか発疹が出てきた。熱も高くなる一方なので、近所の病院に入院したのです。

だが発疹もよくならない。全身の筋肉痛も強くなってきた。この時点でその病院から連絡があり、こちらに転院することになりました。

——その病院はエイズと知って、追い出したのですか。

いや、そうではなく、この患者は駒込病院の外来に通っていたことを主治医に告げていなかったらしいのです。自分でも病気の原因がエイズだとは思ってもいなかったのでしょう。入院後によく診察すると、腎不全を起こしていました。治療の結果、熱は下がったけれども、今度は口の中にカンジダと思われる潰瘍ができている。これも治し、1カ月後に退院しています。

夏に二度目の入院をしています。左目の瞼(まぶた)の部分にこぶ状のできもの〈腫瘤〉ができたからです。それがかなり大きくなっていて4〜5センチに成長していました。触れてみると骨には癒着していないで、ころころと動く。これを摘出して組織検査をしています。結果は悪性のリンパ腫でした。放射線を当てて、これは一応よくなりました。

ところが1カ月半後、今度は深呼吸をすると胸が苦しい感じがすると訴えました。腹部と胸部のCTの他に、造影剤を注入して放射線を当てる検査〈ガリウム・シンチ〉をしました。これは悪いところがあるとそこが光るんです。胸のレントゲン写真も撮ってみた。右の肺に空洞が発見されました。リンパ腺も腫れている。そこで気管支鏡を使って患部組織を採取して調べたところ、かびの一種、クリプトコッカスが見つかりました。日和見感染を起こしていたのです。

薬の服用と化学療法などを実施して、少しよくなったので3カ月後に退院しました。

3回目の入院は初冬です。また熱が出たというのでカリニ肺炎を疑ったのですが、幸い普通の風邪でした。すぐ回復して8日後に退院できました。

――ずいぶん入退院を繰り返していますね。

4回目はしばらく間を置いて、91年秋です。40度くらいの高熱が出ていました。膀胱炎というか尿路感染症で、抗生物質を使いました。今は外来で通っていますが、かなり状況は悪い。またいつ入院してくるか、低空飛行の状態です。

――T4リンパ球の数はいくつですか。

10以下です。いつ急変しても不思議ではないのです。

――リンパ球の数を患者に教えるんですか。

積極的には教えません。本人が質問してくれば教えることもありますが、病状が進行してくると患者が関心を示さなくなるのです。エイズが進むと3人のうち2人以上が痴呆的になる。だからきいてこないし、たとえ教えたとしても、それがなにを意味するのか理解できなくなっている。

エイズ患者は普通の患者とはちがうんです。たとえば前の週に胃のレントゲンを撮っていれば、普通の患者ならこちらが黙っていても「検査の結果はどうでしたか」と切り出しますよね。自分の状態がどうなのか知りたいはずです。ところがエイズ患者が中枢神経をやられた場合は、そうした積極性がなくなっています。

ぼけていない患者の場合は、T4リンパ球が減っていると聞くと、がっくりすることがあります。それも困るので、私からはあまり細かいことは教えません。

——無謀な女遊びを後悔するような発言はしましたか。

全然ありません。この患者はたくさんの女性と寝たことを誇りに思っている。「俺は80人の女を抱いたんだ」と胸を張って自慢するようなひとです。我が人生に悔いなしのような意味のことを言っています。

——コンドームさえつけておけば、こんな病気にならずにすんだのにと反省はしないのですか。

俺はやるだけのことはやったんだ。それでいいじゃないか。そんな印象ですね。明るいというか、向こう見ずというか、型破りの患者です。

——エイズが不治の病であることは知っているのでしょう。

死ぬということは頭ではぼんやりとわかっているのだろうけど、これは大変だという認識がないんですよ。普通の神経なら夜も眠れなくていらいらしますが、この患者は切迫感が薄い。自分がいつぽっくりいっちゃうかわからない、という危機感がないんです。

――家族はエイズであることを知っていますか。

同居している母親は知っています。でも兄弟には話していないようです。

――奥さんは知っていますか。

奥さんには女遊びがばれないようにいろいろ工作していたらしい。奥さんが二次感染している可能性は高いんです。本人には奥さんをここに連れてきなさい、エイズの血液検査をしておいた方がいいですよと何度も説得したんですが、結局一度もここに来ていない。私たちにできることはここまでで、強制することはできないんですよ。

家庭から明日が消える

エイズウイルスが家庭内に侵入し、妻が感染すると、エイズの魔の手は赤ん坊にまで及んできます。若い母親が妊娠します。赤ちゃんの3割は先天的にエイズをもって生まれてきます。残りの7割も必ずしも健常ではありません。奇形など不幸な事例がかなりの確率でみられるのです。

母から子への感染経路は次の三つが考えられています。

(1)子宮内感染——胎盤を通じての感染。

(2)産道感染——出産時の出血、膣分泌液による感染。

(3)母乳感染——授乳による感染。

母親が感染している場合は感染のリスクを少しでも減らすため、胎児が膣を通過する自然分娩は避け、帝王切開による出産になります。感染嬰児の2割は1年以内に発病します。もともと免疫力の弱い赤ん坊ですから、生命は長くもちません。残りの子供は1年に8%ぐらいずつ発病していきます。10〜15年以内には全員が発症すると考えられています。発病までの期間は大人より短いのです。

健康そのものの赤ちゃんが誕生したとします。しかし、母乳はエイズウイルスを含んでいる疑いが濃厚なので、母親がわが子におっぱいをやることはできません。悲劇はそれだけではありません。母親は子供の成長を見届けることなく発病するかもしれません。父親も感染しているとしたら、子供は成人する前に孤児になってしまうのです。

イギリス保健省が91年5月に発表した調査によれば、ロンドンの妊婦の500人に1人がエイズウイルスに感染していたというのです。これは27の病院で3万7000人の妊婦を対象にした調査結果です。

タイでは妊婦のＨＩＶ感染率は１％弱です。この国では年間１５０万人の赤ん坊が生まれます。タイ赤十字エイズプロジェクトの専門家は、91年中に５０００人のエイズベイビーが生まれたものと推定しています。

１９９２年２月末の時点で、日本で確認された母子感染のケースはまだ４例にとどまっています。こんな奇跡がいつまで続くのでしょうか。

※

症例⑯【異性間感染】

この男性は36歳の商社関係に勤務するエリートサラリーマンです。海外勤務を命じられて、気楽な感じで血液検査を受けにきたのです。外国によってはエイズに感染していない証明書を要求するところがあります。この男性はエイズのことなんか全然心配していなかったといいます。健康そのものだった。「健康診断にきました。エイズの非感染証明書をください」そんな態度だったということです。

２週間後にやってきて、さぞかし愕然としたことでしょう。病院としては虚偽の証明書は出せません。結果として、会社にはエイズに感染していたことを知られるはめになりました。当然のことですが、海外出張は取り止めになりました。

32歳の奥さんは大丈夫だろうかということになって、検査してみたところ陽性でした。この夫婦には赤ん坊が生まれたばかりだというので、その子供も検査するとこれまたプラスでした。一家全員がエイズウイルスに冒されていたのです。ですから、感染経路としては夫から妻にうつったのは異性間感染、妻から子供に行ったのは母子感染です。

この男性が最初に外来にきたのは、89年の春のことです。感染時期は87年の夏ごろと推定されています。感染地域は彼の勤務地だったアメリカです。この男性はプロ女性と素人女性の両方と性交渉があったと告白しています。素人というのはオフィスガールです。どちらもアメリカ人ですが、感染源がどっちだったかは不明です。この男性は身長は180センチ以上、体重は80キロです。外国生活になじんでいたせいか、国際的というか社交的というか、外国人女性にも慣れていたようです。

このところT4リンパ球の数が減ってきています。そろそろ1カ月に一度通院する段階にきています。T4リンパ球の数は昨年(1991年)10月で161でした。2年半前が267でしたから100ほど減っています。このペースなら急激な落ち込みとはいえませんが、日和見感染症には十分注意しないといけません。

――この男性は海外勤務がなかったら、相手国が非感染証明書を要求しなかったら、そのまま感染がわからなかったかもしれませんね。

まさにそうです。外国長期滞在者がエイズウイルスを撒き散らしているケースはもっとあるでしょう。今は水面下に隠れて見えないでいるだけで、今後はこの症例のような悲劇が増えてくると思います。

――夫がエイズに感染すると妻子まで巻き添えにする可能性があるのですね。

そうです。最近は妻の浮気もあるようですから、エイズウイルスを持ちこんでくる側が夫だけとはかぎりません。妻が最初に感染しても同じ結果が起きます。一家が総倒れになる。これ以上の地獄はありません。

――現在の治療はどんなことをしていますか。

ＡＺＴとカリニ肺炎の予防薬(ペンタミジン)を使用しています。この患者は91年にカリニ肺炎を一度おこしていますから、ＡＺＴは普通の倍量を投与しています。１日当たり６錠(１錠１００ミリグラム)です。予防目的の場合は、食後30分に１錠ずつ、１日３回服用します。

――まだ外来で通っているのですか。

そろそろ入院してもらうかもしれません。Ｔ４リンパ球が１００をきると会社に通勤するのは難しくなる。ただ本人が頑張っているときは土壇場まで入院させないようにしています。たとえばカリニ肺炎がひどくて熱が40度を超えたような場合だったら、入院させて集中的に治療します。じわじわ悪くなっているときは、病院にいるより自宅にいたほうが気持ちが安定すると思います。

——奥さんの様子はどうですか。

奥さんは夫が血液検査を受けた1カ月後ですから89年の春にここに来て、陽性と判定されています。このときT４リンパ球の数は335でした。それが91年の初夏に84になりました。ほぼ2年で4分の1に激減しています。夫より進み方がずっと速いのです。ところがまだ特別の症状は出ていないのです。

——そんなことがあるのですか。この数値だと日和見感染にやられて不思議はないと思いますが。

本当は入院した方がいいのだろうけど、乳児がいるから頑張っているんです。

——T４リンパ球がこのレベルで元気そのものということはありえることですか。

医学的には考えにくいことです。女性も母親になると強くなるんですね。それ以外の理由は思いつきません。

——赤ちゃんの状態はどうですか。

今のところ、まったく正常です。症状もなにもない。

——夫婦関係はうまくいっているんでしょうか。

そのあたりは私にもわからない。まだ離婚していないことはたしかですが、これ以上は患者のプライバシーだから医者にも踏み込めません。

未来を失った家庭がどんなものなのか、彼らを包んでいる暗闇がどんなに深いものか、私には想像もできません。ただ、言えることは、一瞬の油断がこのような地獄を招き寄せてしまったということです。

エイズは強敵ですが家庭から締め出すことは十分に可能です。正しい知識と自己を律する心さえあれば、かけがえのない家族の崩壊を防ぐことができるのです。

第8章 Q&A「エイズのここが知りたい」

感染の不安

Q 相手の売春婦がＨＩＶ感染者じゃないとしても、たとえば直前の客の精液が膣の中に残っているケースがありますね。そんなときにコンドームなしでセックスするとエイズに感染しますか。

A 前の客がキャリアだったら大いにあります。エイズウイルスにとって膣の内部は快適な環境なのです。しかも射精の直後ということならますます危険です。ペニスが新鮮な精液に触れることになる。つまり、感染者とセックスしたのと同じことになります。

Q　もし途中でコンドームが破れた場合、そのまま動きを続けても平気ですか。

A　コンドームが破れた状態でのセックスは非常に危険です。すぐに中断して局部を洗い、新しいものとつけかえるしかないでしょう。

Q　射精後に抱き合ったままでいると、精液がコンドームの隙間から漏れてくることがありますが、あれは大丈夫ですか。

A　女性はとくに余韻を大切にする傾向が強いようですが、ここはやはり、お互いの安全のために終わったらすぐに身体を離すことです。コンドームを外した後は、必ず手を洗っておくようにしてください。精液がついたままの指で女性器に触れれば、新たな危険が生じます。

Q　南米から出稼ぎに来ている日系人の若い女性と恋仲になりました。でも南米ではエイズが大流行していると聞いています。なまでセックスしても平気でしょうか。

A　南米のどの国か知りませんが、あの地域はかなりエイズ感染者が多い場所です。たとえばブラジルだけで2万1000人のエイズ患者がいます。しかし、どこの国民だからエイズに注意しろというのでは偏見・差別につながりかねません。お互いの健康のためコンドームをつけるということでいいのではないでしょうか。

Q　エイズに感染した板前がつくる刺身を食べて感染することはありますか。

A　料理の途中で指を包丁で切って出血したとします。血がついたままの刺身を客に出すことは絶対にないでしょう。問題にならないと思います。

Q　おしっこがかかっても感染の心配はないのでしょうか。

A　尿は心配いりません。大便も大丈夫です。

Q　傷のある指で女性の膣に触れると感染しますか。

A　危険はゼロではないが、うんと低い。

Q　感染者とタオルを共用しても大丈夫ですか。

A　感染するおそれはないが、お互いびくびくするよりは、できれば別にした方がいいでしょう。

Q　コインランドリーでＨＩＶに汚染されることはありますか。

A　コインランドリーは大量の水を使って洗濯しますから、エイズに関してはまったく大丈夫です。それに洗剤にも消毒作用があるんです。

Q　献血するときの針から感染することはありませんか。

A　１００％安全です。献血の針も使い捨てです。

Q　タイの女性の感染が新聞やテレビで話題になりますが、駒込病院で扱ったケースはどのくらいありますか。

A　それが今のところないんです。彼女たちがとりあえず行く医療施設はどうも婦人科が多いようです。そこで血液検査をしてみたらプラスに出て、担当医からここで診てくれませんかという依頼はときどきよくあります。ところがあとから電話連絡がきて、手配師がその女性をどこか別の場所に連れていってしまったので、駒込病院にはうかがえませんというのです。そんなことが2〜3回ありました。

手配師はその医師に、あの女性はタイに送り返したと弁解したらしいのですが、そんな言い訳は鵜呑みにはできません。日本に置いたまま別の土地で働かせている可能性だってあると思います。

Q 洋式の便座では感染者の直後に座っても安全だといわれていますが、もし自分の尻に傷やおできのようなものがある場合どうなのでしょう。

A HIVは感染力が非常に弱いので、粘膜などのように水分があって皮膚の薄い部分にできた傷口からしか侵入できません。尻の皮膚は乾いているし厚い。ウイルスにとって都合の悪い環境です。あなたの尻によほど大きな傷でもあれば別ですが、心配は不要です。

Q 日本のコンドームは信用できますか。

A 正しく着装すれば大丈夫です。日本は規格検査が厳重ですから、品質は世界一だと思っています。

Q 日本では猫のエイズが流行していますが、人間にはうつりませんか。

A　エイズウイルスという点では同じですが、猫のエイズはＦＩＶと呼ばれている別種です。感染の心配はありません。

Q　おりものがひどく婦人科で診察を受けたら、膣カンジダ症と診断されました。治療を続けていますが治りが遅く、エイズではないかと心配です。

A　膣カンジダ症はありふれた病気なのです。完治まで平均で1〜2カ月かかるものです。ですからエイズとは無関係だと思います。口や食道にできるカンジダ症はもっと深刻な症状をもたらします。一度口の中を観察してごらんなさい。カンジダに冒されて舌が真っ白になっていますか。おそらく健康色でしょう。それでも心配なら血液検査をうけることを勧めます。

Q　血液の飛沫が飛んできてぺたっとくっついた場合、大丈夫ですか。

A　温度とか湿度によっていくらか時間差が出ますが、普通の血液なら2分か3分で固まってしまいます。固まった血液は心配いりません。内部に住みついているエイズウイルスは死んでいます。

Q　エイズ性の皮膚炎、たとえば疥癬(かいせん)などは触れるとうつりますか。

A　患者の肌にじかに触れれば感染します。ただし、疥癬はうつりますけどエイズはうつりません。

Q　ではカリニ肺炎の患者の咳を浴びたときはどうなのですか。カリニ原虫を肺の中に吸い込んでしまうのでしょうか。

A　ひとによってはすでにカリニ原虫を持っています。エイズ患者からもらわなくても最初から持っている場合があるのです。カリニ肺炎は日和見感染ですから、免疫抵抗力が落ちたときにだけ肺炎になります。心配なし。

Q　セックスの直後に入浴して殺菌石鹼で洗い流せば、いくらかはエイズ感染の危険率が減るのでしょうか。

A　エイズウイルスは傷口からしみこむような形で侵入します。ですから実質的な効果は期待できません。雑菌を落とすという点では気休めになるかもしれません。

Q　駒込病院の扱った実例で、インドで買春してエイズに感染したひとはいますか。

A　いまのところいません。あなたがどんな意味で質問したのかわかりませんが、インドはアジアの中でも深刻なエイズ流行地ですから、買春は危険です。タイで遊んで感染したという症例は複数あります。

Q　夕刊新聞などのファッションマッサージの広告で「本番なし＝エイズの心配ゼロ」という宣伝をみましたが、これは信じてもいいのでしょうか。

A　たとえセックスをしなくてもフェラチオをされればＨＩＶ感染の危険は依然として残ります。女性が手だけを使って射精させるだけというのであれば、エイズに感染することはないでしょう。ただし、淋病などの性病にかかる可能性があります。前の客の尿道から漏れた膿が女性の指に付着することは十分ありうることです。もしその女性が手をよく洗わないまま指を使ったとしたらどうなると思いますか。淋菌は非常に生命力の強い細菌です。感染のおそれがあります。

患者・感染者のケア

Q　一日最大でなん人くらいの患者を診察することがありますか。

A　診察の開始が朝9時からですから、35～36人くらいでしょうか。忙しい日はひとり平均10分もかけられない。ただ、軽い患者の場合は経過だけきいて終わることもあるし、いろいろです。

Q　HIVに感染したことがわかった後で予防接種をしてもいいのですか。

A　ワクチンには生きている菌を使うものと死んだ菌を使うものとがあります。死んだ菌を用いたワクチン、たとえば三種混合(百日せき、ジフテリア、破傷風)、インフルエンザ、コレラなどは免疫力が落ちていないかぎり接種しても大丈夫です。しかし、生きている菌を用いたワクチン、たとえば小児麻痺、BCG、黄熱病などは接種してはいけません。詳しいことは主治医と相談してください。

Q　将来産婦人科の医者になりたいと思っています。でもこれからはエイズベイビーが生まれる時代ですね。それが怖いので踏み切れないのですが、なにか助言がありましたらお願いします。

A　母親が感染した場合は母子感染の確率が高いので、できれば生まない方がいいと忠告はします。しかし生むか生まないかは母親になる女性の基本的な人権なんです。あなたの心配するように、今後はエイズベイビーが増えることでしょう。
医者は医学の専門家です。エイズを熟知しているはずの人間です。エイズをむやみに怖がる必要はない。肝心なことは、医療事故を起こさないように配慮をして治療にあたればいいのです。エイズだけを特別に扱うのはおかしいと思います。

Q 将来、エイズ患者のためのホスピス（末期患者の苦痛を和らげ、安らかな死を迎えるように介護する施設）ができる可能性はありますか。

A たとえば、癌の末期は死亡する数日前までは意識がはっきりしている場合が多いのです。身体は衰えていても頭はしっかりしている。だけどエイズは半分以上が神経をやられるし、いろいろな病気にかかります。精神障害が出ていたり、自分の意志を示すことができない患者もたくさんいます。日常の会話もできないんです。それらを考えるとなかなか難しいと思います。

Q 患者が大人であっても神経が細く、エイズ感染の告知に耐えられそうもない場合、嘘の告知をすることはありますか。

A それは今のところありません。

Q　病院の医師や看護婦さんがあやまってエイズで汚染された針を自分に刺した場合、どう処理するんですか。

A　傷口から血液を絞り出しながら、水道水を出しっぱなしにして洗い、消毒用イソジンまたはアルコールで消毒します。その後エイズ抗体検査を受けます。１カ月後、３カ月後、半年後、１年後にも検査をやります。日本でも針刺し事故はおきていますが、幸運なことに感染例はまだ報告されていません。

Q　こんな言い方は酷ですが、エイズというのは根治薬がない。治したところで近い将来死ぬことがわかっている。苦しみを長引かせているだけではないかと思いますが。

A　カリニ肺炎などは治ってもまた再発する。ひどい場合は３度も４度もかかる。ですから癌の末期の状態と似た考え方になってくるかもしれません。安楽死とはちょっとちがうと思うけど、たとえば積極的な治療を控えるという考え方もある。

駒込病院に男性同性愛の患者が入院していました。この男性は食べられなくなったとき、人工栄養を注入されてまで命をながらえるのは嫌だと中心静脈栄養を拒否しました。それでだんだん衰弱して消耗性疾患というかたちで亡くなりました。

今後は尊厳死ということを考えなくてはいけない時代になるのかもしれません。

Q エイズ患者が感染症病棟に入院していることはわかりましたが、他のひとにエイズ患者であることが露顕することはないのですか。

A そこが一番神経を使うところです。電話を取り次ぐときは「×××病棟です」程度にとどめ、感染症病棟であることを察知されないよう工夫しています。また相手が肉親でない場合は必ず「どなたですか」と質問し、どんな友人なのか身元を確認しています。エイズの場合は友人にも話さないことが大部分ですから、そのあたりは注意しています。

Q 医療施設にとってエイズ患者はあまり儲からない存在なのですか。

A それはあるかもしれない。非常に手がかかる割に健康保険が適用できる範囲が狭いんです。経営的立場からみれば効率的な患者とはいいがたいかもしれません。

Q HIV感染者が出たのに保健所に届けないことはありますか。

A プラスの場合は例外なく届けます。

Q エイズウイルスは熱に弱いとききました。本当ですか。

A その通りです。56度Cなら30分、80度Cでは10分で死滅します。

症状

Q　アメリカのマジック・ジョンソンはＡＺＴの副作用で体力が弱り、ロスからニューヨークまでの旅行を中止したと新聞に書いてありました。あれほどの巨人がダウンするほど副作用が強烈なのですか。

A　ＡＺＴは骨髄に悪影響を与え、増血機能をダウンさせます。それで貧血が起きます。これは相当に体力を奪うものです。

Q　なぜ日和見感染をおこすと下痢するのですか。

A　サイトメガロウイルスやクリプトコッカスなどの病原体が腸管粘膜にくっついて炎症をおこします。それが下痢になるのです。

Q　ＨＩＶに感染しても死ぬまで発病しないひとが存在する可能性はありますか。

A　これには正確な答えはできません。いるかもしれないし、いないかもしれない。人類がエイズを知ってからまだ11年、なんともいえません。

Q 臓器移植では手術後に免疫抑制剤を使いますが、免疫を人工的に落とすということは、エイズのような症状が出ることもあるのですか。

A あります。ただ人為的に免疫を低下させるといっても医師団が患者の様子をみながら慎重に進めますから、エイズほど深刻な病状にはなりません。

Q エイズ感染者になった女性は生理不順とか月経異常がおきますか。

A それはないようです。

Q ラッシュの電車などに乗っていて、隣のひとを見て「あれ、これはカポジ肉腫じゃないのか」なんて見破った経験はありますか。

A ありません。カポジ肉腫という病気はちょっと見ただけではわからないんです。

Q エイズ患者は独特の臭いがするといいますが、どんな臭いですか。

A それはないと思います。寝たきりになることもありますが、身体をきれいに拭いてあげていますから、そんなに臭わないはずです。

Q　エイズになるとリンパ腺がはれるといいますが、リンパ腺というのは身体のどこにあるのですか。エイズのとき腫れやすいリンパ腺はどこですか。リンパ腺とリンパ節は同じものですか。

A　血管と神経とリンパ管は並んで走っていることが多いのです。リンパ腺はリンパ管のところどころにある大豆ほどの大きさの関所のような部分です。ですからリンパ腺は身体中に分布しています。リンパ管は静脈と合流しています。医学用語としてはリンパ節のほうが正式のようですが、私もリンパ腺とリンパ節は同じように使っています。ここではリンパ腺といいましょう。体表から触れやすいリンパ腺は首(頸部)、脇の下(腋下)、股の付け根(鼠径部)などです。ただしこれらのリンパ腺は発熱や虫歯でも簡単に腫れるので、しこりがあったとしてもエイズと直結して考えることは早計です。私でもリンパ腺に触れただけではそれがエイズによるものかどうかどうかは判断できません。あくまで血液検査が必要です。

Q　エイズのせいでにきびができることは。

A　ありません。

エイズの治療

Q 今のところ、エイズには治療法がないわけですね。患者を助けることができない。他の病気と比べるといくら治療に努力してもむくわれない。そういう点で、虚しさというか無力感に襲われることはありませんか。

A ときおり感じることがあります。せっかくカリニ肺炎を治しても、またしつこく再発したり、カポジ肉腫になったり、結局亡くなることが多い。エイズの最前線で戦う私たち臨床医師もまた新薬が喉から手が出るほど欲しいのです。

Q エイズウイルスは頻繁に形を変えるとききました。だとすると、ある種のウイルスに有効なワクチンを作ってもすぐ新手が出現して、あらゆるエイズにきくワクチンは永久に完成しないように思います。

A うーん、私もワクチンが簡単に完成するとは思ってはいません。ワクチンをつくるには長い時間がかかるんです。試作品を実験するのにもまた時間がかかる。しばらくはちょっと無理かもしれません。

Q　エイズにかかると治療費はどのくらいかかるのですか。

A　状況によりますが、健康保険を使わないとすると、発病後は月額30万から数百万円といったところでしょう。薬は呑み始めたら数年間呑み続けなくてはいけないので、膨大な額になります。健康保険に加入していれば、高額医療といって6万円を超えた分は、申告すればあとから戻ってきます。

Q　東京都にはエイズのカウンセラーはなん人いますか。

A　専門のカウンセラーは2人だけです。その他に保健婦の資格をもっているボランティアが数人います。

Q　ワクチンがなかなかできないのなら、腎臓透析のように血液を濾過したり、全血を交換すれば全治はしないまでも発病を遅らせることはできそうに思いますが。

A　血液は太い血管だけでなく毛細血管にも流れています。そこから組織にしみだす量もばかにならない。ですから濾過しても実効があるか疑問です。血液全量を完璧に交換するなんて実質上無理な相談です。

Q 日本でもエイズキャリアの医者がいると思います。医者が感染した場合は、患者に告知する義務があるのですか。感染していた場合、黙ってそのまま治療にあたるのか、それとも現場からはずされるのですか。

A 日本にはいないと思います。外国ではインターンが医療事故でプラスになった例があります。それが原因で職を失ったといいます。これは難しい問題です。もし日本で医者がキャリアであることを明らかにしたら、診察を受ける患者はいなくなるんじゃないか、そんな懸念を感じます。そうなれば、心電図をみて所見をやるとか、直接患者に触れない部署に回される可能性もあります。

Q エイズ患者の検温に使う体温計は使い捨てですか。

A いいえ、その患者の専用にするだけです。聴診器も体温計も、日常的に使用する器具は患者の部屋に置いておきます。

Q 注射針は使い捨てですか。

A 注射器は1回限りの使い捨てです。喉をみるときのヘラも同様です。使用後はステンレスの箱〈MDボックス〉に収め、消毒してから、焼けるものは焼却します。

Q　エイズが発見されて10年たちましたが、エイズ医学の進歩は他の病気に比べてどうなのでしょう。

A　たとえばC型肝炎などは研究が進んで、もう少しでワクチンが完成するところまで来ています。エイズは遅い。

Q　エイズに感染したら、無菌室に入院させておけば日和見感染を防止できそうに思いますが、どうでしょう。

A　無菌室で暮らしていれば免疫抵抗力が上がるというものではないのです。サイトメガロウイルスなどは健常人でも持っています。外部からの進入を防いでも敵は自分の内部にいるのです。無菌室は非常に手間がかかるうえに費用は莫大です。食事などにしても無菌状態にしてから提供しなくてはいけません。たとえば骨髄移植で1カ月入院すると数百万円かかります。それだけの金をかけてもエイズの場合は効果が期待できないのです。

Q　インターフェロンがエイズにきくと新聞に出ていました。駒込病院ではエイズの治療に使っていますか。

A　インターフェロンというのはウイルス抑制因子と呼ばれるもので、直接ウイルスをやっつける薬剤ではなく、ヒトの細胞に働きかけて抵抗力をつける効果があるといわれています。エイズにきくとされているのはアルファ型のインターフェロンです。エイズにいいという定評はきくんですが、アフリカやヨーロッパでエイズ患者を対象に実験が実施されています。すごく高いんです。たとえば1カ月注射すると費用は百数十万円になってしまう。現代はだれでも健康保険を利用する時代です。インターフェロンはエイズ治療目的で使用することが認知されていないので、使えば保険の請求から削られてしまうんです。結局病院の負担ということになる。私も一度10日ほどインターフェロンを使ってみたことがあります。費用は35万円ほどでした。でも保険請求でばっさり削られてしまった。だから使いたくても使えない状態なんです。

Q　匿名のままで健康保険を使った治療をしてもらうことは可能ですか。

A　絶対に不可能です。

Q　他の病院に断られて駒込病院に来たのはいいけど、満員で入院できなかったら、その患者はどうなるんですか。

A　頼みやすいのは同じ都立病院で感染症科のある病院ですね。墨東病院か江東病院です。東大の医科学研究所に依頼する場合もあります。しかし患者の数がどんどん増えたらどこまで対応できるか、ときおり不安になります。

社会問題

Q エイズ感染者が事情を知らない相手とセックスすることは犯罪になるのですか。

A エイズ予防法(後天性免疫不全症候群の予防に関する法律)では、医者はエイズ感染者に対して、セックスなどエイズウイルスをひろめるような危険な行為は慎むよう注意をしなければならないと決めています(第5条)。また、感染者が医師の注意をきかず危険な行為をしているときは知事に通報するよう書かれています(第7条)。しかし、罰則規定はありません。

Q あきらかに売春をしている不法就労外国人女性などは、エイズ感染が判明した時点で病院がすぐ警察か入国管理局に通報し、身柄を確保するべきだと思いますが。

A エイズウイルスの拡散を防止するためには妥当なことかもしれないが、相手は人間ですから人権ということが問題になる。それに医者は警察官でもないし、入国管理局の職員でもない。今のところそこまではできません。

Q 日本のエイズ医療体制は国際的にみてどうですか。

A 治療面ではそんなに遅れているとは思わないけど、日本にはボランティアもいませんし、エイズ患者を取り巻く環境や総合的なケアは、欧米に比べて5〜6年遅れているように思います。感染者がどっと増えたときにどうなるのか、心配な面があります。

Q 健康な国民を守るため、エイズ感染者が一目で判別できるよう、常時ペンダントとか指輪をするようにすることを考えたらいいと思います。違反者には罰を与えるようにしたらどうでしょうか。

A エイズウイルスは空気伝染するわけでもないし、握手でうつるわけでもない。無防備なセックスをしないかぎり感染する機会はない。エイズ患者や感染者を隔離する必要はないのです。彼らにもまた普通のひととして生活する権利がある。差別はよくない。

Q 職場の定期健康診断で採血された血が勝手にエイズ検査をされることが心配です。

A HIVの検査は本人の承諾がなければできないことになっています。

Q エイズは法定伝染病ではないのですか。

A　法定伝染病とは伝染病予防法で指定された11の病気のことで、患者は伝染病病院に隔離されます。伝染病予防法は明治30年に制定された古い法律で、具体的な病名は腸チフス、パラチフス、赤痢（疫痢＝小児赤痢）、コレラ、ジフテリア、猩紅熱（しょうこうねつ）、痘瘡（とうそう）（天然痘）、発疹チフス、ペスト、流行性脳脊髄膜炎、日本脳炎です。

Q　近い将来、日本にエイズ専門病院が設立される動きはありますか。

A　私は一介の医者ですからこの質問には明解に答えられません。国や地方自治体が考える問題です。ただ日本の行政は問題が起きてから初めて動く性向がある。たとえば外国人のエイズ患者がいて、緊急な外科手術が必要だとします。外国人ということでいくつかの病院が断ったとします。不幸にしてその患者が死亡した。エイズが直接の死因なら仕方がないですみますが、手術を受けられなかったのが原因だとしたら、国際問題になるかもしれません。

そんなことが引き金になって、エイズの医療体制の充実が検討されるかもしれません。だれもがエイズ患者が増えてきたら大変だとは思っている。では具体的にどんな対策を打てばいいのか、そこまでは考えていないようにみえます。

Q　エイズは難病に指定されていますか。

A　難病の指定は都道府県によって微妙に異なりますが、東京都を例にとると肝硬変、劇症肝炎、パーキンソン病、スモン病、血友病など47の病気が難病に指定されています。難病は申請すれば医療費の自己負担分が公費負担になるのですが、残念なことに、エイズはその中に入っていません。

Q　いくつかの病院が「うちにはエイズの専門家がいないので」と患者を断っていますが、エイズの専門家なんて実在するのですか。

A　エイズそのものは根治できない病気ですから、本来はどの病院で治療にあたっても同じことなんです。駒込病院で使っている薬も特殊なものではなく、どこの医療施設でも簡単に入手できるものばかりです。どれも保険がききます。駒込病院がエイズ専門病院であるかのような印象を与えているのは、過去に扱った症例が多いというだけのことです。

たとえばカリニ肺炎ならどんな薬をどれだけ使えばいいか、医学書にちゃんと載っています。もしわからないことがあれば電話で相談してもらえばいいのです。

駒込病院ではエイズ患者を感染症病棟に入れていますが、普通の病棟だってとくに支障ないのです。

Q　社員が感染者だとわかった場合、くびになることはありますか。

A　エイズ感染者を社会からはじき出してはいけません。エイズ感染者は発病して働けなくなる日まで、ひとりの社会人として働くべきなんです。感染者が片っ端から同僚を誘惑してエイズウイルスを撒き散らそうとするなど反社会的な行動をしないかぎり、くびになることはないでしょう。強行すれば人権の侵害になりますよ。

Q　エイズの専門医師を育成する動きはありますか。

A　今のところないようです。

Q　気軽にエイズ検査が受けられるいい方法はありますか。

A　一つのアイデアとして成人式を活用するといいと思います。20歳の記念に希望者だけを対象に無料の血液検査を実施することを考えてもいいのではないでしょうか。

Q　エイズで苦しんでいるひとの役に立ちたいのです。ボランティアになりたいのですが、病院などで患者を助けることはできますか。

A　病院では看護婦、医師など資格を持ったひと以外は患者に直接触れることができないのです。可能性があるとすれば患者の話し相手になって気持ちを楽にしてあげるとか、枕元に花を飾ることなどが中心になるでしょう。

エイズ患者の場合はできるだけ自宅にいて、いよいよ悪くなってから入院するというのが通例です。患者が身の回りのことをこなすのに支障が出たとき、ボランティアのひとが在宅ケアをしてあげることは大切です。アメリカではその組織ができており、活発に活動していますが、日本ではボランティア精神そのものが根づいていません。

Q 将来は病院で診てもらえないで、野垂れ死にということがありうるのですか。

A 収容する医療施設が現状のままだとして、これからどんどん患者が増加してくれば、起こりうることだろうと思います。

Q 外国人のエイズ患者がお金をもっていない場合はどうなるんですか。

A エイズばかりではなく、普通の伝染病でも一番困ることは観光ビザで入国している外国人が急病になる場合です。法定伝染病であれば外国人も法律の適用を受け、治療は無料になります。それ以外の病気の場合が問題になります。

病気で苦しんでいるひとを放置しておくことはできません。今までは外国人にも生活保護法を援用していました。しかし国は外国人を無料で治療すると、どっと医療難民が入り込んでくる危険があるとして反対しています。
駒込病院では複数の外国人エイズ患者を診ていますが、今のところ、未払いのケースはありません。しかし将来はどうなるか、これはわかりません。

心構え

Q タバコを吸い過ぎれば肺癌になる。酒を飲み過ぎれば肝臓が悪くなる。楽しみにはリスクがつきものだから、エイズだってそう考えるべきじゃないですか。

A つまり自分が承知のうえならなにをやっても自業自得なんだから、それでいいじゃないかという考え方ですね。だけどエイズと酒、タバコは全然ちがう。肺癌も肝臓病も他人にうつらない。エイズの被害は自分ひとりですみません。

Q 男性がコンドームをもっていなくても、女性からコンドームを出して「これつけてください」とは言えません。やたら遊んでいる女か売春婦に思われちゃう。スマートに切り出す方法はありませんか。

A　「性病が怖いから」では、相手の男が「俺は性病なんか持ってないよ」と逆襲してくるかもしれない。「ピルを呑んでいないから妊娠が怖いの。だから、お願い」でどうでしょう。女性として妊娠が怖いというのは自然なことですよ。女性の心理や意思を尊重しないような男は最低です。

Q　真実の愛があるセックスは安全ですか。

A　真実の恋だろうと遊びのセックスだろうと買売春だろうと、エイズウイルスはまったく差別しません。セックスのあるところには、エイズウイルスが集まってきます。もしあなたのいう真実の愛が、不特定多数の異性と性交渉をもたないという意味なら、とても素晴らしいことです。感染の危険がぐんと減ることは保証できます。

Q　電気剃刀は感染者と共用してもいいですか。

A　電気剃刀は通常のレイザーに比べて血液が付着することが少ないと思いますが、念のため別々にしたほうがいいと思います。

Q　エイズ感染者になるともう二度とセックスが許されないというのは本当ですか。

A　そんなことはありません。ただ、他人を巻き込まないために、セックスのときは必ずコンドームをつけるようにしてください。

Q　納豆がエイズに効くなんていう人もいますが。

A　さあ、どうですか、よくわかりません。

Q　酔っているとコンドームをつけても失敗が多いのはなぜですか。

A　酔って装着するとつけ方がいい加減になるのです。ですから、途中でずれたり、脱落することがあります。酩酊していれば射精までの時間も長くなるし、動きが乱暴になることもあります。最悪の場合は破損することだって考えられます。

東南アジアなどでは、プロの女性は時間が長くなると体力の消耗の防止と客の回転を早くするため、こっそりコンドームをはずすケースがあるときいています。邪魔物がなくなれば感度が急上昇して射精が早まりますからね。

Q　エイズは偏食するひとに多いのですか。

A　そんなことはありません。

Q　同じ感染といっても、少量のウイルスが入る場合と、一度に大量のウイルスが侵入した場合では、発病までに時間差がでますか。

A　一般的にいえば、量が多いほど発病が早まる傾向があります。体格の差もあります。たとえば、子供と大人に同じ量が侵入したとすると、子供の方が早く発病するケースが多いようです。

Q　ジョギングなどの運動はどうですか。

A　激しい運動をして体力を失ってしまうことは逆効果ですが、散歩とかジョギングなど適度のスポーツは血液の循環もよくなるし、精神的にも気力を保持することができる。軽く汗を流す程度の運動は不可欠です。

Q　1回のセックスでエイズと他の性病を一緒にもらってしまうことはありますか。

A　あります。たとえばエイズとB型肝炎をもらう可能性もある。その場合エイズの進行が早くなります。

Q　癌とエイズはどちらが難敵ですか。

A　癌の研究が始まって約百年たちましたが、原因はまだ突き止められていません。しかし早期発見すれば手術で治ることが多くなりました。ただ癌の特効薬はまだ完成していません。もし発見したらノーベル賞ものでしょう。

エイズは発見されて10年少しです。悲しいことに研究の歴史が浅いし、データが圧倒的に不足している。私は癌よりエイズの方が難敵だと思いますね。

Q　駒込病院のエイズ患者はなん時ごろ寝るのですか。

A　一般の患者と同じ夜9時消灯です。朝は6時に起床です。食事もまったく同じ時間にとらせます。

Q　半年後に結婚する予定です。健康な家庭を築くためにエイズ検査を受けようと思います。1回の検査で十分でしょうか。

A　とりあえずふたり一緒に血液検査を受けてください。マイナスだったとします。それから3カ月間、ふたりで完全な禁欲を守ります。自慰行為を除き、とにかくだれともセックスをしない状態を持続するのです。そして3カ月後、もう1回血液検査をします。これで再びマイナスと出れば完全です。結婚後はお互い浮気をしないことです。

Q Ｔ４リンパ球を増やす食品はありますか。

A ないと思います。

Q 人類がエイズを克服する日はきますか。

A 努力すればある程度抑えこむことはできるでしょう。

Q キャリアになってもアルコールは飲めますか。

A 二日酔いは身体によくないので、飲み過ぎはいけません。しかしキャリアでいることは精神的につらい。睡眠薬に頼るより、アルコールを飲んでぐっすり眠る方がいい。

その他

Q 胎児がエイズに感染しているかどうか検査することはできますか。

A 現段階では無理でしょう。

Q 最近、慢性疲労症候群という病気が話題になっていますが、これはエイズと似ている病気なのですか。

A　疲れるとかリンパ腺が腫れるなど共通する症状が多いのはたしかです。エイズを心配しているひとはエイズよりは慢性疲労症候群の方がましだから、そっちに逃げ出したいわけです。とにかく血液検査をしてみなければどちらか判断はできない。エイズなら血液を調べれば、すぐに結果が出ます。

Q　先生はエイズを怖いと思ったことはありますか。

A　ありません。診察のときはじかに患者の身体に触れたりしています。ただ患者が亡くなるときに警戒することはあります。エイズ患者は潰瘍などができています。血管が傷ついてもろくなっている状態だから出血しやすいんです。吐血のようなかたちで、あふれるように飛び散ることがあります。

皮膚は血液を浴びても大丈夫です。注意するのは目です。目は水分がたっぷりあるし、瞼の裏は細かい血管がむきだしになっています。針刺し事故と同じ扱いになります。ですからぴちっとしたゴーグルをかけます。解剖するときもゴーグルをつけます。

Q　エイズで脳死状態になることはありますか。

A　エイズというのは肺炎を起こしたり、さまざまな合併症を引き起こします。心臓に負担がかかって、結局は衰弱して死亡するケースが多いのです。身体が弱っていますから心臓もすとんと止まる場合がほとんどです。脳死とエイズの関係はまだ解明されていません。

Q　エイズ感染者から臓器移植することはないのですね。

A　絶対にありません。それをしたら移植されたひとがエイズに感染します。アメリカではその前例があります。

Q　母子感染でキャリアになった子供が無事成人し、結婚するまでになることは考えられますか。

A　胎児が胎盤を通じてＨＩＶに感染した場合、ほとんどは流産してしまうのです。生まれたとしても障害があったり、病弱だったりする。母子感染はアメリカでは80年代の初めから問題になっています。日本ではまだここ3〜4年のことなんです。今はまだ経過を追っている段階でデータが不足しています。確実なことは言えません。

Q　日本人はエイズにかかりにくいといいますが、本当でしょうか。

A　統計上、日本はヨーロッパに比べてHIV感染の発生が少ない。そんなことから出たデマです。日本人は体質的にエイズに強いなどの風説には医学的根拠がありません。そんな話を鵜呑みにして軽率な行動をとるとしたらとても怖いことです。

興味深いことに、フィリピンでも似たような噂が流布しています。エイズにかかるのは白人かホモセクシュアルの男性だけだというのです。真面目に生活している庶民はエイズと無関係だと信じているようです。これも根も葉もないでたらめです。

Q　どこの国もエイズの蔓延で悩んでいますが、新たな感染がピークを過ぎたという国はあるんでしょうか。

A　それに近づいたと自信をもっているのはオーストラリアだけです。駒込病院の若い医師が2カ月ほど視察に行っていましたが、オーストラリアのエイズ担当者はそんな内容のことを話したそうです。とにかく積極的に対策を実行しているそうです。

エイズ診断基準

――ＨＩＶ感染症診療の手引き（厚生省）より――

❶カンジダ症（食道、気管、気管支または肺）
❷クリプトコッカス症（肺以外）
❸クリプトスポリジウム症（１カ月以上続く下痢を伴ったもの）
❹サイトメガロウイルス感染症（１カ月以上で、肝、脾、リンパ節以外）
❺単純ヘルペス感染症
❻カポジ肉腫
❼原発性脳リンパ腫（従来は60歳未満であったが、今後は年齢を問わず）
❽リンパ性間質性肺炎／肺リンパ過形成
❾非定型抗酸菌症
❿カリニ肺炎
⓫進行性多発性白質脳症
⓬トキソプラズマ脳症（生後１カ月以後）
⓭化膿性細菌感染症（13歳未満で、ヘモフィルス、連鎖球菌等による敗血症、肺炎、髄膜炎、骨関節

炎または中耳炎もしくは皮膚粘膜以外の部位や深在臓器の膿瘍が2年以内に、2つ以上、多発あるいは繰り返し起こったもの）

⓮**コクシディオイド真菌症**（肺、頸部もしくは肺門リンパ節以外にまたはそれらの部位に加えて全身に播種したもの）

⓯**HIV脳症**（HIV痴呆、AIDS痴呆またはHIV亜急性脳炎）

⓰**ヒストプラズマ症**（肺、頸部もしくは肺門リンパ節以外に、またはそれらの部位に加えて全身に播種したもの）

⓱**イソスポラ症**（1カ月以上続く下痢）

⓲**非ホジキンリンパ腫**（B細胞もしくは免疫学的に未分類で組織学的に切れ込みのない小リンパ球性リンパ球腫または免疫芽細胞肉腫）

⓳**結核**（肺以外の1カ所以上に播種したもの）

⓴**サルモネラ菌血症**（再発を繰り返すもので、チフス菌を除く）

㉑**HIV消耗性症候群**

様式1

整理番号	

エイズ病原体感染者報告票

（法第５条関係）

都道府県知事（指定都市市長）殿

後天性免疫不全症候群の予防に関する法律第５条の規定により、次のとおり報告する。

年　齢	歳	性　別	１男　２女	国　籍	１日本　２その他	
臨床診断	１　無症候性キャリア，　２　エイズ，　３　その他（　　　　）					
感染者と診断した年月日	年　月　日		※エイズと診断した年月日	年　月　日		
感染者と診断した方法	１　抗ＨＩＶ抗体検査（　　　法），２　その他（　　　）					
※エイズと診断した特徴的症状						
感染したと推定される原因及び地域	１　異性間の性的接触，２　男性同性愛，３　薬物濫用，４　母子感染　５　輸血，６　その他（　　　），７　不明					
	１　国内，２　海外，３　不明					
備　考						
医療機関名		医療機関の所在地　〒　　―				
診断医師名		電話番号（　　―　　―　　）				
報告年月日	年　月　日					

この報告票は、エイズの病原体に感染している者であると診断したときに、必要事項を記入の上、７日以内にその者の居住地を管轄する都道府県知事（指定都市市長）に提出すること。

《記載上の注意》

1　用紙の大きさはＢ列４番とすること。
2　アラビア数字の有る場合は、該当する数字を○で囲むこと（重複も可）。
3　エイズの診断にあたっては、昭和63年４月14日付健医感発第26号「サーベイランスのためのAIDS診断基準」に基づき行うこと。
4　※印はエイズと診断した場合にのみ記入すること。
5　整理番号は都道府県（指定都市）において記入すること。

AIDSの主要な日和見感染症

	微生物	主要感染部位	主要疾患
原虫	ニューモシスチス・カリニ	肺	肺炎
	クリプトスポリジウム	腸	下痢症、胆嚢炎
	トキソプラズマ	脳	脳炎
	赤痢アメーバ	腸	下痢症
	糞線虫(腸外)	肺、胃腸、脳、血液	播種性感染症(下痢症)
	イソスポラ	腸	下痢症
真菌	カンジダ属	口腔、咽頭、食道	口腔カンジダ症、食道炎
	クリプトコッカス	脳、肺、リンパ節 皮膚、眼、血液	髄膜炎、肺炎、リンパ節炎、 膿疱、網膜炎、真菌血症
	ヒストプラズマ	肺	肺炎、播種性感染症
細菌	非定型抗酸菌	リンパ節、骨髄 肝、脾、血液、肺	リンパ節炎、播種性感染症、 肝脾腫、肺炎
	サルモネラ	腸、血液	下痢症、反復性菌血症
	結核菌	肺、腸、髄膜	結核症
ウイルス	サイトメガロウイルス	肺、腸、眼、 肝、脳、副腎	肺炎、腸炎、脈絡網膜炎、 肝炎、脳炎、副腎感染症炎
	単純ヘルペスウイルス	皮膚、粘膜	単純ヘルペス、口腔ヘルペス、 性器ヘルペス
	水痘帯状疱疹ウイルス	皮膚	帯状疱疹(多層性)

〔厚生省・HIV感染症診療の手引き〕より

おわりに

私が初めてエイズ感染者を診察したのは、１９８７年で男性同性愛者でした。（その2年前からエイズ外来で診察をし、電話相談も行なっていましたが、そのいずれのなかにも感染者はおりませんでした）エイズ診療に従事していて、１９９０年末よりカリニ肺炎などで発病して、初めてエイズと分かる症例が多くなり、他の医療機関からの相談を受けることが多くなりました。また、エイズ専門外来でも異性間性的接触によるエイズ感染者が目立つようになってきました。この異性間性的接触も外国人から日本人へ、というケースが多かったのが、ここにきて日本人同士の感染が急激に広がっていることが肌で感じられるようになりました。

いまではエイズは、日本でもよく知られるようになりましたが、まだ知られていないこと、誤って理解されていることが多過ぎるように思われます。

エイズ感染者や患者、の最近の増加により、近い将来における爆発的な増加が予測され、まさに、座視を許されないところまで追い込まれてきています。そこで、本書では不幸にもエイズに感染された方の感染経路、特徴的な臨床像などについて述べ、どういう行為が感染するかを具体的に述べたので、読者の方々にエイズの正しい知識をもっていただき、エイズについての不安や無用な心配を解消していただきたい。

そして、その魔手からご自身とご家族を守っていただければ、幸いに思います。同時に、エイズ感染者は病気とエイズへの偏見との孤独な闘いがあるので、エイズと共存する社会作りと、一日も早い治療薬の開発を期待してやみません。

最後に集英社の大神田康久、タイのエイズ事情に詳しいレポーター富岡悠時雨氏のご協力がなければ、本書は日の目をみなかったと思われ、ここに厚くお礼を申し上げたい。

また併せて、駒込病院の諸先生方のご協力にも深く感謝の意を表したい。

1992年3月春浅き日に

山口　剛

エイズの「真実（しんじつ）」

一九九二年 四 月二五日 第一刷発行
一九九三年 三 月一五日 第七刷発行

著 者 山口 剛
発行者 若菜 正
発行所 株式会社 集英社
郵便番号 一〇一-五〇
東京都千代田区一ツ橋二-五-一〇
電話 編集部 (〇三) 三二三〇-六〇五一
販売部 (〇三) 三二三〇-六三九三
制作部 (〇三) 三二三〇-六〇八〇
印刷所 大日本印刷株式会社
 ISBN4-08-783055-1 C0047